【げーぼく】

猫の真の幸せを追求し、底なしの愛情を注ぐ人。またそうすることに、この上ない喜びを感じる人。

はじめに

猫はなぜ、こんなにも魅力のかたまりなのか。

見た目はもちろん、スリスリしてくるのもかわいいし、寝相もかわいい。帰宅を出迎えてくれたり、お風呂の出待ちをしてくれたりするのもたまらなくかわいい……。あとは緊張したらびしゃびしゃになる肉球も、部屋を掃除しているときにたまに落ちているヒゲも好き。一挙一動すべてがかわいすぎる……。

この本を手にとってくださったあなたも、もうすっかり愛猫のとりこになってしまっているのではないでしょうか？　愛しい毛むくじゃらにいつまでも健康でいてほしい、少しでも長く一緒にいたい、そして幸せにしてあげたいと考えるのは、「げぼく」たちの共通の願いだと思います。

でも、あなたは猫ちゃんに正しく愛情をそそいであげられているでしょうか？

たとえば、次のようなことに心あたりはありませんか？

・猫は肉食なのでグレインフリー（穀物を使わない）のフードを与えたい
・掃除の手間が省けるからとシステムトイレや紙の猫砂を使っている
・猫がかわいくて無理やりおなかに顔をうずめたり、かまいすぎたりしてしまう

これらはほんとうに猫にとってよいことなのでしょうか？

私、にゃんとすは臨床獣医師を数年経験したあと、現在は獣医療の発展に貢献するため、国内の研究所で研究員として実験と論文執筆に追われる日々を送っています。疲れ果てて帰宅することが多いのですが、いつもキジトラの「にゃんちゃん」が「さみしかったよ～」とお出迎えしてくれ、毎日猫のかわいさに悶絶しています。

そんなにゃんちゃんに「少しでも幸せに長生きしてほしい」と願うのは、ほかの飼い主さんと同じ。さらには、猫と暮らすなかで生まれる悩みや疑問も同じです。

少しちがうのは、私は獣医師としての経験や知識があるのはもちろんのこと、研究員として培ってきたリサーチ能力をフル活用して、猫に関する最新の科学論文を読み漁ることのできる「げぼく」だということです。

この書籍は、そんな獣医にゃんとすが愛猫のために何に気をつけて、実際にどうしているのか、正しい知識や経験のすべてをお伝えし、愛猫のことをいちばんに想うあなたにも〝猫をもっと幸せにするげぼく〟になっていただく本なのです。

ですから、獣医さんが書いた多くの「猫のＨｏｗ ｔｏ本」とは少しちがい、猫と暮らすひとりの「げぼく」として「にゃんとす家ではこうしているよ」というお話を織り交ぜながら、飼い主さんの日々の悩みや疑問を解決するような内容になっています。

この本を読めば、誤った情報にまどわされることはなくなり、自信を持って猫ちゃんを愛することができるようになるでしょう。

「げぼく」としては、愛猫が「このおうちにきてよかったな」と感じてくれるような毎日にしてあげられれば本望ですよね。

本書がそのための一助となれば、とてもうれしく思います。

獣医にゃんとす

まずは

「げぼく」のたしなみとして知っておきたい

こまかすぎる猫のからだ解説

そのかわいさで私たち「げぼく」の心を弄ぶ猫のからだには、実は機能的なパーツがたっぷり。ぜひおうちの猫ちゃんをじっくり観察してみてくださいね。

世界一かわいい

猫の“タマ”

医学的な言葉では「精巣」「陰嚢」といいますが、ぷりっとまんまるでモフモフの見た目から「にゃんたま」という愛称で親しまれています。恥ずかしい部位までかわいい猫は神だと思います。あ、でも、ちゃんと去勢手術は受けてくださいね！

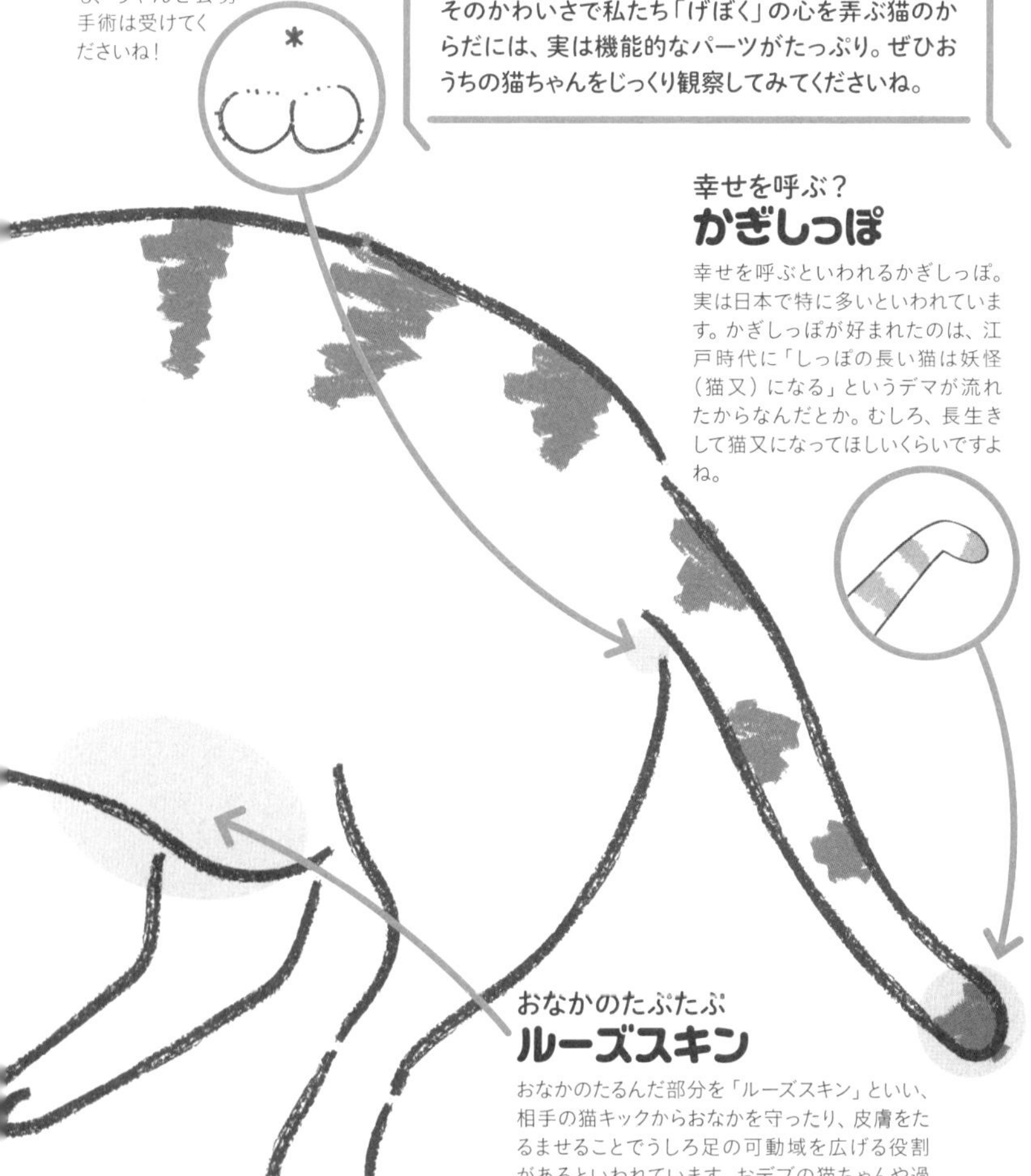

幸せを呼ぶ？

かぎしっぽ

幸せを呼ぶといわれるかぎしっぽ。実は日本で特に多いといわれています。かぎしっぽが好まれたのは、江戸時代に「しっぽの長い猫は妖怪（猫又）になる」というデマが流れたからなんだとか。むしろ、長生きして猫又になってほしいくらいですよね。

おなかのたぷたぷ

ルーズスキン

おなかのたるんだ部分を「ルーズスキン」といい、相手の猫キックからおなかを守ったり、皮膚をたるませることでうしろ足の可動域を広げる役割があるといわれています。おデブの猫ちゃんや過去に太っていた猫ちゃんは目立つ傾向にありますが、そうでない子にもルーズスキンはあります。

ヤマネコ時代のなごり
リンクスティップ

猫ちゃんの耳の先にピンッと立った毛、ありませんか？ この毛を「リンクスティップ」といいます。ヤマネコ時代のなごりと考えられ、わずかな空気の流れや音を感知し、狩りの際に役立てていたようです。メインクーンなどの大型猫に特に多く見られます。

ぷっくりひげ袋
ウィスカーパッド

この「ウィスカーパッド」は猫のひげを支える大事な部分。血流が豊富で感覚神経がたくさん存在します。ひげをセンサーのようにはたらかせることができるのは、このウィスカーパッドのおかげ。かわいいだけじゃなく高性能なのです！

獲物を仕留める
まんまるおめめ

猫のからだは小さいのに眼球の大きさは人間と同じくらいあります。しかも瞳孔は人間の３倍も開くんです。だからまんまるおめめなんですね。これは「暗闇で獲物を仕留めるため」らしいのですが、見事に人間のココロまでも仕留めちゃってます。

実はクシの役割?
小さすぎる前歯

猫の前歯、めちゃくちゃ小さくてかわいいですよね。「こんなに小さくて何の役に立つんだ？」と思うかもしれませんが、実はグルーミングのときに毛を噛みかみすることでクシのような役割をしているようです。

毛の色と関連?
肉球

みんな大好きな猫の肉球。いろんな色がありますが、肉球の色は毛色や柄に左右されます。白猫のように薄い毛色の猫ちゃんはピンクの肉球が多く、逆に黒猫やキジトラは黒やあずき色の子が多いです。おもしろいことにぶち柄などの猫ちゃんは肉球もバイカラーになります。

獲物の動きを感知
前足にひげ!?

ひげは顔まわりだけと思っていませんか？ 実は前足にもひげが生えているんです。このひげは獲物の動きを感知するためのもので、肉食動物の特徴なんですって。

第1章 ごはんの心得

第2章

健康長生きの心得

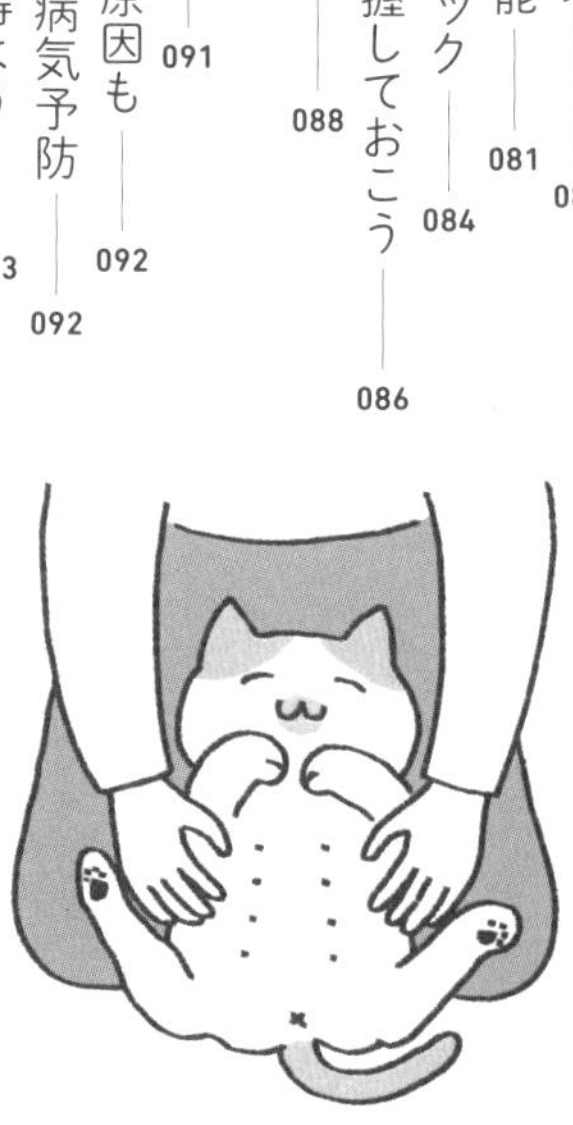

ents

第3章

環境づくりの心得

第4章

最新研究と猫の雑学

Contents

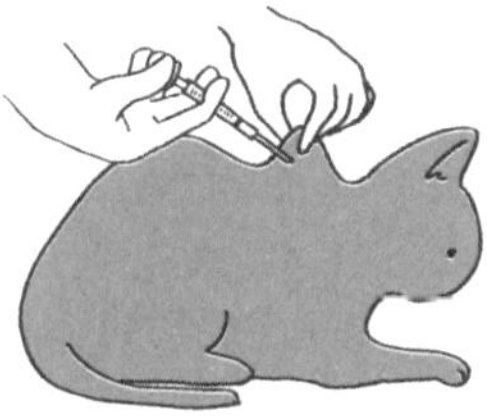

第1章

ごはんの心得

ネットのランキングはまちがいだらけ！

「結局のところ、どのキャットフードがいちばんいいんだろう？」

これは、猫の飼い主さんの最も多い悩みのひとつです。ネット上にはさまざまな情報があふれ、調べれば調べるほどなにが正解なのかわからなくなるばかり。なかでも、『おすすめのキャットフードランキング』のような記事に取り上げられているフードを見ると「やっぱり酸化防止剤はよくないのかな……」「猫にはグレインフリーのほうがいいの？」……などと心配になってしまうのも無理はありませんよね。

でも、そんなみなさんにいちばんにいいたいのは、

「ネットのおすすめランキングは信じるな！」

ということです。

正直にいうと、ネット上で強くおすすめされているキャットフードは獣医師の間で話題にものぼらないキャットフードばかりです。あとで詳しくお話ししますが、私を含め多くの獣医師は、「ヒルズ」と「ロイヤルカナン」のフードをおす

すめしています。

ではなぜ、このようにネットの情報との〝乖離《かいり》〟が起きてしまうのでしょうか？ それはこれらのランキングの多くが、紹介報酬料の高い順に並んだ「報酬ランキング」といっても過言ではないからです。

たとえば、「キャットフード　おすすめ　ランキング」で上位表示される、とあるサイトのランキングは次のようになっています。ちなみにカッコ内が、サイトの運営者への報酬料が発生する条件と金額です。

1位　A社（新規購入…3960円）
2位　B社（新規購入…3850円）
3位　C社（初回購入…3960円）
4位　D社（初回購入…3000円）
5位　E社（初回購入…3000円）
6位　F社（初回購入…1000円）
7位　G社（新規購入…2000円）
8位　H社（新規定期購入…1307円）

※社名は仮名、報酬額参考サイト
https://affitize.com/cat-food-recommend-asp/

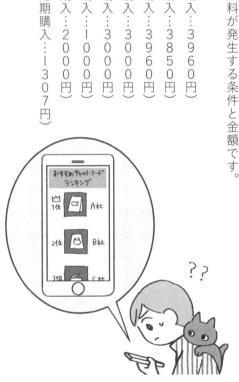

このように、順位と報酬額がほぼ比例しています。一方、多くの獣医師がおすすめするヒルズやロイヤルカナンはほとんどのサイトでランクインしていないか、下位にランクインしていました。理由はかんたんです。この2社は報酬額がかなり低いからです。ヒルズやロイヤルカナンを売って報酬を得ようとすると、Amazonや楽天を経由して広告を貼ることになるため、報酬は購入額の5％。2000円のキャットフードを買ってもらったとしても、報酬はたったの100円です。ひとつ売って4000円もらえる会社と、100円しかもらえない会社。そりゃ、前者をすすめたくなるわけです。

もちろん、私はこのような成功報酬型広告（アフィリエイト）自体を否定したいわけではありません。ただ、「おすすめランキング」といった記事で紹介するのであれば、報酬額にかかわらず、猫にとって本当によいものが紹介されなければならないと考えています。

過度な〝グレインフリー信仰〟にご注意

多くのランキングサイトが報酬重視でフードを選んでいるがゆえに、そのフードのメリットとして挙げられる情報にも誤ったものが数多く記載されています。

なかでも特に多く見受けられるのが次の3つです。

・酸化防止剤（防腐剤）は発がん性があるので危険
・副産物やミールは粗悪な原材料が含まれていて危険
・猫は肉食動物なので穀物の入っていないグレインフリーフードにすべき

実はこれらは、まったく根拠のない誤った情報なのです。

まずひとつめの酸化防止剤。ペットフードに含まれる添加物や原材料が危険だという情報はいろいろなところで目にしますが、実際はペットフード安全法により、安全なもの・安全な量のみが含まれるように規定されています。したがって酸化防止剤も、動物が一生摂取し続けても健康に影響を与えない量が上限として決められているのです。

むしろ、それよりも酸化したフードを与えないよう気を配ることが大切でしょう。猫のエネルギー源として必要な油脂がコーティングされたキャットフードは、非常に酸化しやすいものです。保管方法がずさんだったり、長時間お皿に出しっぱなしにしたりするとますます品質が低下し、猫の健康を害してしまう可能性が大いにあります。ぜひきちんとした管理のもと、酸化防止剤の入ったフードを選んであげてください。

２つめの副産物やミールについても同様で、安全基準が定められています。フードの原材料には、チキンミールや鶏副産物といった表示が記載されていることがありますが、「副産物」というのは、肉（正肉）以外の内臓や皮膚、骨などを指し、通常は「人間の食用には適さないもの」とされています。この副産物を粉状にしたものがミールなのですが、「人間の食用には適さない」の部分がひとり歩きした結果、「副産物やミールは病原体に汚染されて危険」などといったまちがった情報が広まってしまったのです。

キャットフードの安全は、前述の通りペットフード安全法によって守られています。たとえば、微生物を死滅させるために適正な加熱処理（エクストルージョン）を必ずおこなうよう規定されていますし、そもそも病原微生物に汚染された原材料は使用できません。さらに農林水産消費安全技術センター（ＦＡＭＩＣ）による立入検査が定期的におこなわれ、検査結果がｗｅｂ上で公表されています。

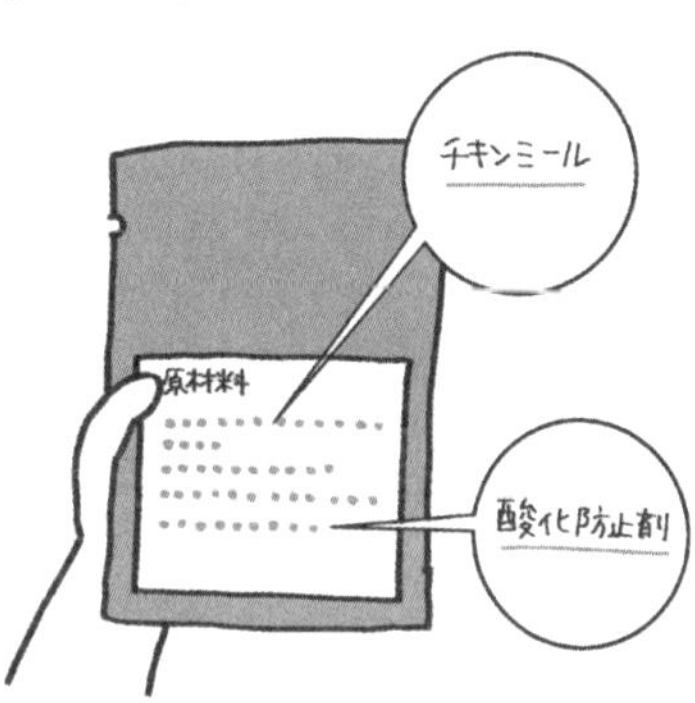

汚染された副産物やミールによって、ペットの健康に影響を与えることがないように、さまざまな規定や仕組みが存在しているのです。

そして3つめの、グレインフリーのフードについても、現段階で猫の健康によいという科学的データはいっさいありません。猫は本来は完全肉食動物のため「穀物は消化できない」などと聞くと、たしかにもっともらしい気がしてしまいますが、キャットフードに含まれる穀物類は水と熱を加えた状態（お米を炊くイメージ）で加えられているため、問題なく消化できるのです。

また、グレインフリーフードは穀物を使わない代わりに肉や魚などのタンパク質を多く含むのですが、このタンパク質が分解される際に出てしまう不要物は、腎臓のはたらきによって体外に排出されます。そのため、腎臓の機能が弱っている猫に与えると、さらに腎臓に負担をかけてしまう可能性もあるのです。猫は高齢になると高い確率で慢性腎臓病を患いますから、高齢猫にはよりいっそうの注意が必要です。

「猫は穀物アレルギーを起こしやすいからグレインフリーを選ぶべき」という説も出回っていますが、実は猫に最も多い食物アレルギーは「牛肉」なのです。肉類・穀物関係なく食物アレルギーの猫は、皮膚をかゆがる、下痢や嘔吐が続くといった症状が認められます。もちろん、牛肉も穀物もアレルギーのない猫ちゃんにとっては無害です。「食物アレルギーかな」と感じたら、自己判断せずに必ず動物病院で診断してもらい、食事の指導を受けるようにしましょう。

「ヒルズ」や「ロイヤルカナン」をおすすめするわけ

では、本当に安心安全で、猫が少しでも長く健康でいられるキャットフードはどうやって選べばよいのでしょうか。

大事なポイントは次の2つです。

1. 長年の販売実績があるかどうか
2. 科学的根拠に基づいてつくられたものであるかどうか

近年の犬猫の長寿化は、ペットフードの質の向上によるものが大きいといわれています。長年の販売実績は、ペットの長寿に貢献してきた歴史でもあるのです。

なかでも代表的なメーカーが、アメリカで創設された「ヒルズ」と、フランスで生まれた「ロイヤルカナン」。いまでは多くの飼い主さんにとってもおなじみのこの2社は、50年以上も前からペットフードの販売をおこなってきました。さらにヒルズは86カ国、ロイヤルカナンは90カ国での販売実績があります。

また「科学的根拠に基づいてつくられたフード」というのは、キャットフードを選ぶ上でいちばん重要なポイントだと考えています。かんたんにいうと、「自分たちできちんと研究をし、その成果をフードづくりに活かしているかどうか」ということです。先に挙げた2社はどちらも自社の研究所を持ち、獣医師や研究者などその道の多くのエキスパートと組んで製品開発に取り組んでいるのです。

このように科学的な研究成果に基づいてつくられたものを「サイエンスフード」といいますが、なかでも療法食は、さまざまな病気を治すために最新の研究データが盛り込まれたサイエンスフードの最たる例です。たとえばヒルズやロイヤルカナンの療法食は慢性腎臓病の猫の寿命を1年近く延ばすことが証明されています。人間でいうと3〜4年延びるということですから、これはとても大きな効果といえます。

このような考えのもと、近年は療法食だけでなく、普段の健康なときに与える

「総合栄養食」（26ページ参照）にもサイエンスが積極的に取り入れられるようになってきました。特にヒルズの『サイエンスダイエットプロアクティブシニア』は、老化によって起こるからだの変化（遺伝子の動き）を最新の科学技術によって幅広く解析し、それを補うような栄養素を配合した、これまでにないアンチエイジングフードです。健康な猫ちゃんの寿命を特定のキャットフードが延ばすかどうかを証明するのは、莫大な時間と手間がかかるため不可能ですが、だからこそ、根拠のないプレミアムフードではなく、サイエンスフードを選ぶべきではないかと思うのです。

とはいえ、ヒルズやロイヤルカナンのフードはほかの市販品と比べると決して安くはありません。実際に「値段が高いフードは、高品質なのでしょうか？」と飼い主さんから聞かれることもあります。

ひと口にキャットフードの「質」といってもいろんなものがあると思います。たとえば高価格帯のプレミアムフードのなかには、「ヒューマングレード」といって、人間と同じレベルの食材を使用したフードがあります。こういったフードは食材にかかる費用がほかのキャットフードに比べて高いので、〝食材の質〟がプレミアムなのです。しかし、猫にとって本当の意味で〝食材の質〟が高いのかは疑問です。

というのも、雑食の人間と肉食の猫では食性が大きく異なるからです。たとえば、血生臭いがために人間の食用に適さない魚の血合い肉などは猫にとっては高栄養な食材です。にもかかわらず、わざわざ人間が食べる白身魚を使う必要があるのでしょうか？　なかには宣伝・広告費にお金をかけているメーカーもあるでしょう。一方で、ヒルズやロイヤルカナンが提供するサイエンスフードは、その開発のために多くの研究費や人件費が使われています。つまり〝科学的な質の高さ〟が値段に反映されているのです。値段の高いフードはどこかに必ずお金をかけています。それがどこなのか、を意識してフードを選ぶとよいかもしれません。

ドライとウエットの「ミックスフィーディング」

ドライフードとウェットフードについても、どちらがよいのかお悩みの飼い主さんも多いことでしょう。まずはそれぞれのメリット・デメリットを整理してみます。

ドライフードのメリットは価格が安く、長期保存ができることです。そのため、断然扱いやすいのはドライフードになります。また歯垢・歯石がつきにくいともいわれています。一方で、デメリットは水分含有量が約10％と非常に少ないこと。イエネコの祖先は水の少ない砂漠で暮らしていたので、ネズミなどの小動物を食べることで水分を摂取していました。その習性を引き継いでいる猫は「ノドが渇いたな、水を飲もうかな」という気持ちがわきにくく、なかなか自分で水を飲んでくれません。水分の摂取量が少ないと膀胱炎や尿路結石、便秘のリスクが上がるといわれているので、ドライフードのみを与えている場合はより多くの水を飲んでもらうための工夫が必要です（97ページ参照）。

一方、ウェットフードはその名の通り、内容量の約70～80％以上が水分です。そのため、猫本来の食事スタイルのように食事から水分を楽に摂取することができるのがいちばんのメリットです。さらに、満腹感が得られやすく、肥満予防にもなるでしょう。ですから猫の健康だけを考えるのであれば、ウェットフードを与えたほうがよいと思います。

しかし、ネックは鮮度管理とコスト。残ったフードにラップをして冷蔵庫に入れて、また少し温めなおして……と手間がかかるうえに、傷みやすいので食べ残しをそのままにすることはできません。ドライフードに比べてやや高価なので、ウェットフードのみを与えると食費もかさんでしまいます。

そこでおすすめしたいのが、ドライフードとウェットフードの両方を与える食事方法「ミックスフィーディング」という考え方です。

たとえば、朝ごはんは1日出しっぱなしにできるドライフードを与えて、仕事から帰ってきてウェットフードを与える、食べ残しは寝る前に処分する、といった流れです。こうすることでドライフードの扱いやすさ、お皿に出しっぱなしにできるというメリットと同時に、ウェットフードから水分を十分摂取することもできます。またウェットフード単体よりコストがかからず、ドライフード単体より満腹感もアップ。つまり、ドライフードとウェットフードのいいとこ取りというわけです。

先にお話ししたヒルズやロイヤルカナンは、このミ

ックスフィーディングにも適しています。理由は2つ。

ひとつは、「総合栄養食」のウェットフードがそろっているからです。総合栄養食とは、猫が生きていくために必要な栄養素がすべて含まれているフードです。ウェットフードには、一般的な猫缶やおやつなど総合栄養食の基準を満たしていない「一般食」のものが数多く市販されていますが、ミックスフィーディングをおこなう場合は、必ず総合栄養食のフードを選ぶ必要があります。

もうひとつは、ドライフードに対応するウェットフードがあるということです。この点はロイヤルカナンが非常に優れていて、たとえば、12歳以上の高齢猫用のドライフードに対応したウェットフードが用意されているのです。一般的に高齢猫用のドライフードは腎臓への負担を減らすために、たんぱく質やリンの量が抑えめに設計されていますが、それらを多く含むウェットフードと組み合わせて与えてしまうと、せっかくのドライフードの効果が十分に発揮できなくなってしまいます。それぞれ対応したドライフードとウェットフードを組み合わせることで、ライフステージにあった栄養組成を維持したまま、水分量を効果的に増やすことができるのです。

食事を「4回以上に分ける」といいことだらけ

にゃんとす家では さらに「食事を与える回数」も工夫しています。狩りをしていた頃の猫の食事スタイルをイメージしてみましょう。平均的なネズミは30キロカロリーくらいなので、猫の1日に必要なカロリーを満たすためには約10匹のネズミを食べる必要がありました。そのため、猫は1日に10〜20回の狩りをし、こまめに食事をとっていたと考えられています。

このように猫本来の食事スタイルに近づけるためには、1日に与えるフードの総量を細かく複数回に分けてあげる必要があります。とはいえ、10回に分けるのはさすがに大変なので、4回以上を目安に増やしてみましょう。このような「少量頻回」の食事スタイルにすることで、猫ちゃんや飼い主さんにとっては次のようなメリットがあります。

1. 空腹による嘔吐を防ぐことができる
2. 早朝に食事の催促をすることが少なくなる

3．肥満の予防になる

まずひとつめの嘔吐についてです。おうちに帰ったら、リビングに黄色や白色の泡まじりの液体を吐いていたことはありませんか？　これは空腹によって胃酸の量が増え、気持ち悪くなって吐いている可能性が高いです。さらにおなかがすいた状態で一度にたくさんの量の食事を与えるとすごい勢いでがっついて食べてしまい、そのまま全部吐いてしまう……なんていうことも。うちのにゃんちゃんも以前、お留守番中の嘔吐に悩んでいたのですが、食事をこまめに与えることで、おなかが空いている時間を減らすことができ、結果的に空腹による嘔吐を減らすことができました。

また、午前4～5時ごろに「お腹がすいた～」と起こされる飼い主さんも多いのではないでしょうか？　実は猫は夜行性ではなく、厳密には「薄明薄暮性」といって、うっすらと夜が明けてくる時間帯にいちばん活発になる動物です。そのため、飼い主より早く起き「ごはんまだ～!?」と催促するのは、当たり前のことなのです。我が家では自動給餌器で朝4時にフードが出るようにセットしています。こうすることで、おなかが満たされるのでモーニングコールは少なくなります。それでも起こされる日はまだまだありますが……（笑）。

さらに、食事回数を増やすことによって、満腹感が得られることも大きなメリットです。現代の猫ちゃんは運動不足になりがちで、加えて避妊去勢手術後の猫ちゃんはホルモンの影響でどうしても太りやすくなってしまいます。肥満は万病のもとなので、しっかり予防しましょう（93ページ参照）。

こういった頻回給餌を実践するためには、自動給餌器があるととても便利です。例として我が家の食事スケジュールを紹介します。

30ページのイラストが実際の内容です。ミックスフィーディングを取り入れながら、1日6回に分けて与えています。朝ごはんや日中はドライフードを与え、夜ごはんはウェットフードを2回に分けて与えるようにしています。日中は仕事で家には誰もいないので、自動給餌器はとても重宝しています。

自動給餌器を取り入れているのにはもうひとつ理由があります。災害対策です（148ページ参照）。というのも、地震などの災害が仕事中に起きた場合、私たちが帰宅できなくなってしまう可能性があるからです。猫ち

にゃんとす家のフードの与え方

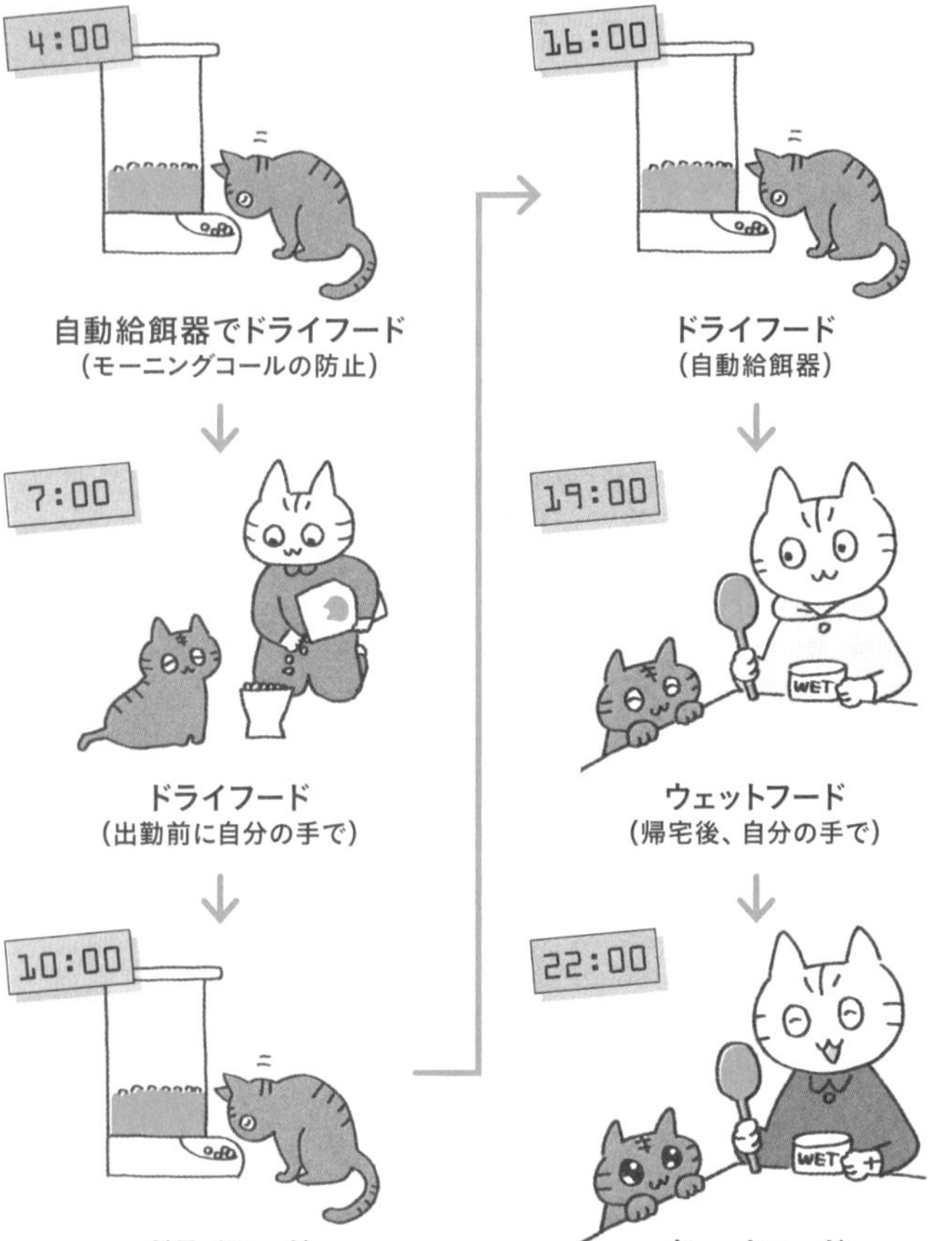

ちなみににゃんちゃん（8歳）に与えているフードは……
【ドライフード】ヒルズ サイエンス・ダイエット〈プロ〉猫用 健康ガード アクティブシニア 7歳からずっと
【ウェットフード】ヒルズ サイエンス・ダイエット シニア 7歳以上 高齢猫用 チキン

ゃんがおうちでひとり取り残されてしまっても、自動給餌器をセットしておけば、まったくごはんが食べられないという最悪の事態は避けられるのです。停電時は電池駆動に切り替わるタイプのものであれば、さらに安心でしょう。

このようにミックスフィーディングや自動給餌器をうまく取り入れて、猫本来の食事スタイルを目指しましょう！

味覚よりも嗅覚で「おいしさ」を判断

「せっかく新しいフードを買ったのに全然食べてくれない…」という経験をした飼い主さんも多いのではないでしょうか？　猫は味にうるさい、「グルメな動物」だとよくいわれますが、猫は人間よりも味覚が鋭い動物なのでしょうか？

人間は、甘味・酸味・苦味・塩味・旨味を感じることができます。これは舌の表面にある味蕾《みらい》によって味を感じているからです。一方、猫の舌にも人間と同じように味蕾がありますが、実はその数は人間の10分の1程度とかなり少ないことがわかっています。

たとえば、猫は甘味をほとんど感じないといわれています。完全肉食動物である猫の本来の生活をイメージしてみると、甘味を認識する必要があまりなかったのかもしれません。さらに、塩分もあまり感じないといわれています。このように猫の味覚は、人間よりもはるかに鈍感なのです。

では、猫がグルメな動物たるゆえんはどこにあるのでしょうか？

実は猫にとっての〝おいしい〟は、味覚よりも嗅覚が大きく関係していると考えられています。というのも、猫の嗅覚受容体の数は人間の10倍以上もあるので、人間よりも嗅覚が鋭いのです。そのため、フードに飽きた際に人肌くらいに温めてにおいを立ててあげると、よく食べてくれるようになります。また、猫は食感のこだわりも強い動物です。フード選びの際は、フードの粒の大きさや硬さ、形なども意識してみるとよいでしょう。

とはいえ、猫はまったく味を感じていないわけではありません。特に猫は苦味には敏感であるといわれています。有害な食べものや毒のあるものは苦いことが多いため、それらを避けるために備わった機能なのでしょう。さらに、猫の旨味受容体をシャーレの中で再現した実験から、猫も旨味をよく感じている可能性が示されています。

ちなみに最近、人間には第六の味覚「脂肪味」があることが発見されて話題になりましたが、猫も獲物の肉を食べていたからか、脂肪分をよく好むといわれています。たとえば、甘味を感じないにもかかわらず、プリンやアイスが好きな猫がいますが（健康によくないので与えないでくださいね）、これはバターや乳製品の脂肪分を好んでいるだけだと考えられています。もしかすると猫はこの脂肪味にとても敏感な動物なのかもしれません。こういった味覚も、猫の食の好みに影響しているのでしょう。

シニア猫は体質の変化に合わせた工夫を

うちのにゃんちゃんも8歳を超えてシニア期に入りました。人間に換算するとだいたい50歳ぐらい。そろそろ病気が気になる年齢です。少しでも健康で長生きしてもらいたい、そのためには毎日の食事が大切だと漠然とわかっていても、シニア猫の食事って結局何に気をつければよいのか、なかなか難しい問題ですよね。

加齢に伴って起こる猫のからだの変化を踏まえて、シニア猫の食事の工夫点について見ていきましょう。

人間は年をとると、代謝が落ちたり運動量が低下したりするため、太りやすいからだになっていきますよね。猫も10歳頃にかけては人間と同じで、太りやすい体質になっていきます。いわゆる「中年太り」です。この頃までは肥満にならないように気をつけることが大切です。場合によっては、低カロリーの肥満防止用フードや満腹感が得られやすいウェットフードを検討するとよいでしょう。

一方、14歳を超えると太りやすい体質から一転して、「やせやすいからだ」になっていくといわれています。なぜこのような現象が起こるのかはよくわかっていませんが、食事量やカロリー量をそのままにしておけばどんどんやせていってしまう可能性も否めません。さらにこの頃から、嗅覚や味覚が低下し、食が細くなってくる子もいます。場合によっては、高カロリーのフードに変更する必要があるかもしれません。

このように、シニア期に入ると猫の体質は目まぐるしく変わります。また猫ちゃんによっても個体差がありますから、高齢期では体重や体格をこまめに観察し、愛猫にあった食事を選んであげることが大切です。もちろん、短期間で急激に体重が減少する場合は病気が隠れている場合があるので、迷わず獣医師に相談しましょう。

年齢を重ねるとノドの渇きを感じ取るセンサーも鈍くなり、自分からあまり水を飲まなくなるといわれています。また腎臓のはたらきも悪くなり、からだの水分がおしっことして出ていきやすくなってしまいます。あまり水を飲まず、水分もどんどん出ていってしまうので、高齢猫は脱水症状になりやすいのです。このような脱水状態が続くと、隠れている内臓疾患を悪化させたり、体温調節機能を弱らせてしまうので、ウェットフードの割合を増やすなど水分摂取を増やす工夫

猫と人間の年齢換算表

猫	人間	
1カ月	1歳	避妊・去勢
3カ月	5歳	避妊・去勢
6カ月	9歳	避妊・去勢
9カ月	13歳	避妊・去勢
1年	17歳	肥満に注意
1年半	20歳	肥満に注意
2年	23歳	肥満に注意
3年	28歳	肥満に注意
4年	32歳	肥満に注意
5年	36歳	肥満に注意
6年	40歳	肥満に注意
7年	44歳	肥満に注意／特に太りやすい
8年	48歳	肥満に注意／特に太りやすい
9年	52歳	肥満に注意／特に太りやすい
10年	56歳	肥満に注意／特に太りやすい
11年	60歳	肥満に注意／特に太りやすい
12年	64歳	肥満に注意／特に太りやすい
13年	68歳	
14年	72歳	体重減少に注意
15年	76歳	体重減少に注意
16年	80歳	体重減少に注意
17年	84歳	体重減少に注意
18年	88歳	体重減少に注意
19年	92歳	体重減少に注意
20年	96歳	体重減少に注意

参考：猫と人間の年齢比較
インターネットサイト「獣医師広報板」

をしてあげるとよいでしょう（97ページ参照）。

高齢猫は嗅覚や味覚も鈍っていることが多いので、ウェットフードを与える際は人肌くらいに温めて香りを立たせるとよいでしょう。仕留めたばかりの小動物と同じくらいの温度であることも、この温度を猫が好む理由のひとつかもしれません。ただし、やけどの原因になるので温めすぎには注意しましょう。

フードボウルを食べやすい高さにしてあげることもとても大切です。人間は年をとってくると足腰に痛みが出ることが多いですが、猫も同様でほとんどの猫が変形性関節症を患うといわれています。頭を下げてかがんで食べる姿勢は関節に負担がかかり、食べにくいうえに痛みを伴うのです。

その結果、ごはんを食べることが嫌で面倒だと感じるようになってしまいます。また、年をとると食道のはたらきも弱くなるので、食後にフードを吐き戻しやすくなります。食器を高くしてあげることで、食道が折れ曲がらずまっすぐに保てるため、食後の嘔吐の予防にもつながるのです。

実際に多くの飼い主さんから「食器を高くするだけ

で、ごはんを食べてくれるようになった」「嘔吐が減った」などのお声をいただきます。にゃんとす家でも脚つきのフードボウルに変更したら、食後の吐き戻しが減りました。新しく高さのある食器を購入してもいいですし、下に箱などをおいて高くしてみるだけでも十分です。ぜひ、試してみてください。

療法食を自己判断で与えることの危険性

歳を重ねてくると、猫ちゃんも病気になってしまうことがあります。そんなとき、猫ちゃんの治療をサポートしてくれるフードが「療法食」です。尿路結石や便秘、慢性腎臓病などには特に療法食による食事療法をおこなうことが多いものです。

しかしここで、飼い主のみなさんに必ず知っておいていただきたいことがあります。それは「療法食は絶対に自己判断で与えない」ということです。必ず獣医師の指導のもと与えなくてはいけないことを覚えておいてください。「キャットフードくらいで大げさでは?」と思うかもしれませんが、先に述べたようにペットの療法食は最新の科学を取り入れた〝サイエンスフード〟。ただのフードではなく、もはや薬と等しいレベルの高い治療効果を持っているのです。

　私たち人間の食品のなかにもからだによいといわれているものがけっこうありますよね。でもその多くは、「含まれる成分にこういう効果があるので、きっと○○病によいだろう」といった程度の話です。

　対してペットの療法食は、そういう程度の軽いものではありません。たとえば療法食によって、慢性腎臓病の猫の寿命が伸びたり、ある種の尿路結石を溶かしたりすることができるのです。うちのにゃんちゃんも便秘がひどくなったときに何度か療法食のお世話になりましたが、1〜2日ですぐにいいうんちがどっさり出ました。

　人間の食事で、腎臓病の患者さんの寿命を延ばしたり、結石を溶かしたりできる食事は存在しません。つまりペットにおける療法食は「薬」といっても過言ではなく、医学にも勝る領域なのです。

　ここまでペットの療法食が発達した背景には、ひとつは研究のしやすさがあります。人間を対象とした研究はどうしても制限が多く、かんたんに試すということができません。一方、犬や猫を対象とした研究は、人権などの問題が存在しません。もちろん、動物福祉の観点から動物が苦しむような極端な実験はおこなえませんが、人間よりもはるかにハードルが低いのは事実です。

　こういった研究を通して、ペットフード会社は長年にわたって膨大な量の科学的データを集め、病気を治療できる高い効果を持つペットフードを完成させたのです。さらに、ペットの場合は特定のフードだけを与え続けることができるため、徹底的な食事管理がかんたんにできてしまうことも療法食が高い治療効果を発揮できる理由のひとつでしょう。

　しかし裏を返せば、これだけ効果の高いものを自己判断で与えてしまうことは非常に危険だということは容易に想像できると思います。

　たとえば、便秘用の療法食を猫に与えようとして、誤って似たような名前の「便を硬くしてしまう」作用のある療法食を与えてしまい、便秘が悪化したというケースもあります。尿路結石を溶かす療法食を自己判断で与え続けてしまい、別の種類の尿路結石ができてしまった……なんていうことも起こりえるわけです。また、多頭飼育の場合、同居の猫が盗み食いをして体調を崩すということも。効果が高いがゆえに、誤った与え方をするとかんたんにペットの健

康を害してしまうおそれがあるのです。

なかには「動物病院で購入するより安いからネットで買っている」という人もいるでしょう。ですが、動物病院での値段には、その療法食の細かな説明をおこなうための獣医師の専門知識や労力、「食べてくれない」といった悩みに対する治療中のアドバイス、その療法食がきちんと効果を発揮したかどうかを判断するアフターフォローなども含まれているのです。

担当獣医師としっかりコンタクトをとったうえでネット購入するなら否定はしませんが、「ネットのほうが安いから……」と獣医師に内緒で勝手に与えることだけはやってはいけません。獣医師側の説明が足りない場合もあるかもしれませんが、この本を読んでくださったあなたは、療法食はそれだけ効果の高いもので諸刃の剣であることをぜひ覚えておいてください。

その手づくりごはん、ちょっと待った！

このようにキャットフードは進化を続け、現代のペットの長寿化に大きく貢献してきました。いまではほとんどの猫ちゃんがキャットフードを食べて生活しています。

その一方で「毎日同じキャットフードでは何だか味気ない」「市販のキャットフードはなかなか食べてくれない」といった理由から、手づくりごはんへの挑戦を検討する飼い主さんもいらっしゃいます。たしかに手づくりごはんであれば、毎日の食事にバリエーションをつけることができますし、愛猫の好きな食材を使えるので、喜んで食べてくれることもあるでしょう。飼い主さんにしてみても「愛情をかけたい気持ち」を形にできることから、ぜひやってみたいと思われるかもしれません。

そんな温かい気持ちに水を差すようなお話をするのは少し心苦しいのですが、手づくりごはんには大きな問題点があります。それは「総合栄養食のように、猫が生きていくために必要な栄養基準を満たしたごはんをつくるのは非常に難しい」ということです。

アメリカのある研究では、猫のために考案された94の手づくりごはんのレシピにおいて、米国学術研究会議の栄養基準をすべて満たしたものはひとつもなかったそうです。このなかには獣医師監修のレシピもいくつか含まれていました。それだけ完璧な手づくりごはんを用意することは至難のわざなのです。

さらに、猫には人間とちがって食べてはいけないものがたくさん存在します。タマネギ、にんにく、アボカド、青魚、イカ、タコ、貝類などは猫の健康を害する可能性があり、摂取量によっては中毒を起こすものもあります。生肉にはサルモネラやリステリア、トキソプラズマなど、飼い主にとっても危険な病原菌が付着しています（69～70ページの表参照）。

どうしても手づくりごはんを与えたい場合は、猫に必要な栄養素や与えてはいけない食べ物などをしっかり勉強したうえでチャレンジする必要があります。また手づくりごはんを与える場合でも、あくまでトッピングやおやつ程度にとどめておくべきで、主食は総合栄養食のキャットフードにしたほうが賢明でしょう。

うちの猫は かつお節かけ ごはんと魚が 大好物!!
ダメ絶対

おやつは必ずしも〝悪〟ではない

あなたは愛猫におやつを与えていますか？　うちのにゃんちゃんは、小さなパウチに入ったおやつ「CIAOちゅ～る」（いなば）が大好きで、戸棚を開けると、おなかのルーズスキンをたぷたぷさせながらダッシュでやってきます。

おやつというと、与えすぎは太る原因にもなりそうだし、健康を考えるうえではあまりよいイメージがなくて、何となくうしろめたさを感じながら与えている方も多いのではないでしょうか？　たしかに猫にとっておやつは必ずしも必要なものではありません。しかし、うまく使えば猫ちゃんともっと仲良くなるためのコミュニケーションの道具にもなりますし、健康面でプラスになる与え方もあるのです。

猫用おやつは非常に多くの種類が販売されていて、どれを与えればよいのか悩んでしまいますよね。個人的なおすすめはペーストタイプのおやつです。なぜなら、猫ちゃんが大好きなのにもかかわらず、カロリーが比較的低めのものが多いからです。たとえばちゅ～るのまぐろ味はひとつあたり7キロカロリーです。これを人間の食事にたとえると、ポテトチップス3～4枚程度に相当します。ですから1日ひとつ与えるぐらいであれば、肥満の原因になる可能性は低いでしょう。

また、ペーストタイプのおやつには水分補給ができるというメリットもあります。もちろんそのまま与えてもよいのですが、我が家ではぬるま湯でちゅ～るをといて「にゃんとす特製ちゅ～るスープ」をつくって与えています。こうすることであまり水を飲んでくれない猫ちゃんでも効率よく水分を摂取することができ、尿路結石や膀胱炎、熱中症などの予防にもつながるのです。

ドライタイプのおやつはグラムあたりのカロリーがやや高めなのが気になりますが、歯みがき効果があるものは与えてみてもよいかもしれません（97ページ参照）。

ただし、どんなおやつもあげすぎには注意が必要です。どれだけカロリーが低くても1日にたくさん与えてしまうと肥満の原因になりますし、何よりごはんを

1日あたりのおやつの適正カロリー

[体重(kg)×30+70]kcal×0.05
(1日に必要な摂取カロリー)

例) 4kgの猫の場合

[4kg ×30+70] kcal×0.05 = 9.5kcal

食べなくなってしまうのは困りものです。

キャットフードの好き嫌いの激しい猫ちゃんは、普段からたくさんおやつをもらっている場合が多く、キャットフードを食べないからおやつをあげる、そしてさらにフードを食べなくなるという悪循環に陥っています。こうなってしまうと病気になったときに療法食を食べてくれず、最適な治療が受けられなくなってしまうのです。

おやつは、1日あたりに必要な摂取カロリーの5%程度を目安にしておけば問題ありません。上の計算式も参考にしてみてくださいね。

そしてもうひとつ。おやつとしてさらにやってはいけないのは、人間の食べものを与えることです。人間の食べものは脂っこいものが多く、少しの量でもからだの小さな猫ちゃんにとっては想像以上のカロリーになります。たとえば、猫ちゃんにとってのチーズひとかけらは人間がハンバーガー3・5個を一度に食べるのと同じくらいのカロリーになってしまい、それだけで肥満の原因になりうるのです。

おやつを上手に与えるには「ごほうび」がポイントです。ちゃんと爪切りさせてくれた、正しいところで爪とぎができた、動物病院での診察をがんばった……などなど、ほめてあげたいタイミングにごほうびとして与えましょう。実際にごほうびとしておやつを与える家では「適切な場所で爪をといでくれる確率が高い」というデータもあります。我が家のにゃんちゃんはとても寂しがりやさんなので、お留守番をがんばったときにあげるようにしています。

おやつを与える理由や目的をきちんと決めておけば、無意味に与えすぎてしまうことを防ぐことができますし、うれしそうにおやつを食べている姿は飼い主にとっても癒しになります。おやつは上手に与えれば、そんなに〝悪者〟ではないのです。

サプリの過剰摂取や誤飲にご注意！

最近は猫への健康志向も高まってきて、たくさんの猫用サプリが販売されるようになりました。サプリメントを与えること自体を否定するつもりはありませんが、効果を期待しすぎるのはよくありません。

2019年には「犬のがんに効く」とうたったサプリメントを販売したとして、ある販売会社の社長が逮捕されました。サプリメントは医薬品ではないので、特定の病気に対する治療効果は期待できません。そのため「○○に効く」と広告することは違法行為にあたるのですが、そういった過剰広告をしているサプリメントはまだまだ存在します。こういったうたい文句を信じ、適切な治療を受けなくなってしまうことがいちばんの問題です。サプリメントはあくまで「supplement（補助・補足）」で、そのほとんどが効果を保証されているものではないことを覚えておきましょう。

現在市販されているサプリメントにはDHA・EPAなどのオメガ3系脂肪酸、乳酸菌を含むものなどがあります。DHAやEPAは抗炎症作用を有する脂肪酸で、関節炎や皮膚炎、肥満、腎不全などのさまざまな病気に対してよい効果が期待できる可能性が示されています。

しかしここで注意しておきたいのは、サプリメントごとにDHAやEPAの含有量は大きく異なるうえ、猫にとっての最適な投与量はまだわかっていないとい

うことです。

乳酸菌サプリメントに関しても、その効果はきちんと証明されているわけではありません。最近、東京大学の研究で猫の腸内の善玉菌は人間や犬とは大きく異なることがわかってきました。猫の腸内環境を良好に保つためには「猫には猫の乳酸菌」が必要なのではないかと考えられていますが、まだまだわからないことが多い領域なのです。とはいえ、これらのサプリメントのなかには獣医師の経験的に効果がありそうなものもいくつか存在し、実際に処方されることもあります。その場合もあくまで「治療の補助」として処方されるもので、高い治療効果を狙ったものではないでしょう。

一方でサプリメントは与え方をまちがえば、負の効果を生むおそれがあります。たとえば、脂溶性ビタミン（ビタミンA、D、K、E）は過剰に摂取すれば愛猫の健康を害するおそれがあります。そもそも総合栄養食には健康を維持するために必要なビタミンは十分含まれているので、毎日きちんと食べているのであればビタミン剤は必要ありません。

また、人間のサプリメントは猫ちゃんにとって猛毒である可能性もあります。αリポ酸はアンチエイジングや疲労回復などの効果があるとうたわれていますが、猫ちゃんが摂取した場合、肝臓が破壊され死に至る場合があります。しかもたちの悪いことに、猫ちゃんはαリポ酸が好きなようで、盗み食いしてしまうこともあるのです。たった1錠でも中毒を起こす危険性があるので、猫がいたずらできない戸棚などに必ずしまっておくようにしてください。

少しでも愛猫の健康のために……と考える飼い主さんの気持ちはよくわかりますが、サプリメントは誰でもかんたんに輸入・販売することができ、効果がはっきりしていないものだらけです。病気の治療の補助のためにサプリメントを与えたい場合は、必ずかかりつけ医と相談して決めるようにしましょう。

イラスト担当 オキエイコの

おしえて! にゃんとす先生 その1

愛猫にゃんちゃんとはどうやって出会ったの?

2匹とも引き取りたかったのに…？

オキエイコ（以下オ）　我が家は動物愛護センターからしらすを迎えてもうすぐ1年になります。もう毎日かわいくて、私も立派な「げぼく」になりました（笑）。にゃんとす先生とおうちのにゃんちゃんとの出会いはどんな感じだったんですか？

にゃんとす（以下に）　獣医学科の学生になりたての頃、先輩から「学内に子猫2匹が捨てられているので誰か飼える人いませんか？」っていうメールがまわってきたんです。それまでは、実家に犬はいたんですけど猫は飼ったことがなくて。

オ　犬や猫の飼育経験がないまま獣医さんになる人もいらっしゃるんですか？

に　います、います（笑）。「ハムスターしか飼ったことがない」っていう人とかも。僕は飼い主さんの気持ちに寄り添える獣医になりたいというのもあって、猫と暮らしたいとずっと思っていたんです。それでもう勢いで「僕飼います！」って手を挙げて。

オ　衝動的に。

に　衝動的に（笑）。人には「ペットの衝動飼いはいけませんよ」っていってるくせに。しかも2匹とも引き取ろうと思って。でも僕が猫を飼ったことがないのをその先輩が不安に感じたのか「どっちか1匹選んで」っていわれちゃって。

オ　2匹は託してもらえなかったんですね。

に　そうなんです、僕に信用がなかった（笑）。2匹はどちらもキジトラで、模様もそっくり。「じゃあ大きいほうで！」とにゃんちゃんに決めました。

オ　決め手が「大きいほう」っていうのがかわいいです。

に　なんの知識もなかったので「大きいほうが丈夫そう」という直感だけでしたね。

ミルクを飲ませるために大急ぎで帰宅

オ　当時、にゃんちゃんは生後どれぐらいだったんですか？

に　まだ生まれて2週間ぐらいで。だから1日に何回もミルクを飲ませないといけなかったんです。

オ　それは責任重大ですね。

に　そうなんです。引き取ってはみたものの「こんなに大変なのか……」と最初は思いました。ミルクを飲ませるためにバイトの休憩時間に急いで家に帰ったりして。1時間の休憩のうち、往復に40分取られるので、残りの20分でミルクのミッションを遂行しないといけない（笑）。結果的に自分の昼食は抜きになってしまうんですが「猫を迎えたからには責任を持とう！」と思ってがんばりました。ミルクが必要な時期はそんなに長くは続かないですしね。

オ　にゃんちゃんと暮らしてみて、猫の印象は変わりましたか？

に　思っていた以上に甘えんぼで寂しがりやな生きものなんだなと思いましたね。

オ　たしかに、私もしらすを迎えてみてそう思いました。ちなみに2匹めを迎えたいと思うことはありますか？

に　にゃんちゃんは子猫時代に獣医学科の友人たちにたくさんかわいがってもらったおかげで人間は大好きなんですが、〝猫見知り〟が激しくて。動物病院でもほかの猫を見ると怖がって大暴れしてしまうんです。猫どうしがストレスを感じてしまうのもかわいそうなので我が家は1匹だけで、と思っています。でもいつか、自分のしっかりとした仕事場をつくったら、身寄りのない猫ちゃんたちを引き取りたいと思っているんです。その目標に向かってまだまだがんばります。

オ　にゃんとす先生の夢、応援します！

第2章

健康長生きの心得

外に出すだけで猫の寿命は3年縮む

この章では、私、獣医にゃんとすが愛猫にゃんちゃんに少しでも長生きしてもらうために日々気をつけていることや体調管理のコツを伝授したいと思います。

愛猫に長生きしてもらうためにまず何よりも大事なことは「絶対に家の外に出さないこと」です。一般社団法人ペットフード協会の調査によると、完全室内飼いの猫の平均寿命は15・95歳、これに対して「家の外に出る」猫の平均寿命は13・20歳だったそうです。室内飼いを基本にしていても、外に出すだけで寿命が3年近く縮まってしまうのです。野良猫の場合はもっと短く、2〜5年で命を落とすといわれています。

では、猫はなぜ外に出ると寿命が縮まってしまうのでしょうか。

事故に巻き込まれてしまったり迷子になってしまったりするのはもちろんなのですが、もっとも恐ろしいのが「感染症」です。猫の世界にはまだまだ命に関わるウイルスが蔓延しているのです。

たとえば、猫白血病ウイルスはリンパ腫や白血病などの血液のがんや貧血・免疫異常による口内炎などさまざまな病気を引き起こします。また猫パルボウイルスは非常に感染力の強いウイルスで、特に子猫で激しい嘔吐や下痢を引き起こし、8割近い確率で死亡します。成猫にも感染し、場合によっては死に至ることがあります。ほかの猫とケンカや交尾をすれば猫エイズの原因である猫免疫不全ウイルスに感染する危険性も高くなるでしょう。

このように、猫の世界では人間の新型コロナウイルスよりずっと恐ろしいウイルスが常に大流行しているのです。そんな危険な世界に大切な愛猫を放ちたいでしょうか。

また「ベランダやバルコニーに出すのなら大丈夫でしょうか?」とよく聞かれますが、やめましょう。近年、2階以上の高さから飛び降りて怪我をしてしまう「高所落下症候群（キャットフライングシンドローム）」の猫ちゃんが増えています。なぜ飛び降りてしまうのか、その原因はよくわかっていません。高層階だけでなく2階でも亡くなるというデータもあるので、油断大敵です。

それでも「猫を家に閉じ込めて自由を奪うのは

かわいそうだ」と主張する方もいますが、そもそも猫はさほど広い生活空間を必要とせず、安全なテリトリーの中でのんびり過ごす動物です。うちのにゃんちゃんなんて日中ほとんど同じ場所で寝ていて、まったく動きません（笑）。一度も外に出さなければ家の外がテリトリーになることはなく、室内でも問題なく過ごすことができるでしょう。それに加えてキャットタワーで高低差をつけたり、隠れ家をつくったり、適切な爪とぎを与えたりと、猫にとって快適な室内環境を整えることで、ストレスなく幸せに暮らすことができるのです（環境づくりに関しては第3章を参照）。

一方で、これまで外で自由に生きてきた猫を家に閉じ込めるということはなかなか難しく、「外へ出たい」とせがんで隙あらば脱走しようとすることが多いようです。こういった猫を完全室内飼いに移行させることはかんたんなことではありませんが、ここは飼い主さんや保護主さんがぐっと耐えて、せがまれても外には絶対に出さないことが大切です。また、外に出たがる理由として、人とお部屋で過ごすことに慣れていない場合があります。そのため、しばらくケージで飼うこともひとつの方法です。訓練としてリビングなどの人が多い部屋にケージを置き、室内で人と暮らす生活に慣れてもらうのです。

同時に、猫の本能を満たす室内環境をぜひ整えてあげてください。なかには、引越しなどでガラッと環境が変わるときにうまく完全室内飼いに移行できたというケースもあるので、こうしたチャンスを利用するのもよいかもしれません。

また、去勢・避妊手術は必ず受けさせましょう。特にオス猫は発情期のメス猫を求めて外に出ようとするので、去勢手術によってホルモンバランスをコントロールすることはとても重要です。

ときには心が折れそうになることもあり大変だと思いますが、猫の命や健康のことをあらためてしっかりと考え、飼い主さんが忍耐強く向き合うことができれば、ほとんどの猫ちゃんが室内飼いに慣れてくれるでしょう。

感染症予防ワクチンのリスクと最適な頻度は？

では、室内で飼っていればウイルスの脅威から愛猫を完全に守れるかというとそうではありません。というのも、いくつかのウイルスは環境中でも生き残ることができるため、飼い主さんの衣服や靴に付着してかんたんに室内に侵入することができてしまいます。つまり、完全室内飼いでもウイルス感染の危険はゼロではないというわけです。そのため、特に環境中でしつこく生き残ることのできるパルボウイルスやカリシウイルス、ヘルペスウイルスを予防する「3種混合ワクチン（コアワクチン）」を接種する必要があります。

ワクチンはウイルスから愛猫を守るために必須なものですが、デメリットがないわけではありません。一部の猫ちゃんはワクチンに対して副反応を起こすことがあります。実はうちのにゃんちゃんも一度副反応が出たことがあり、ガタガタ震えはじめ、顔もみるみるうちにむくんでしまいました。幸いすぐに副反応を抑える注射を打つことでことなきを得ましたが、こういったリスクは少ないに越したことはありません。「ワクチン摂取はなるべく午前中に」といわれているのも、こうした万一の場合にすぐに病院で診てもらえるためです。

またごくごくまれではありますが、ワクチンを接種した部位に「注射部位肉腫」というがんが発生することがあります。さらに最近の研究によると、毎年のワクチン接種が慢性腎臓病の危険因子になる可能性も指摘されているのです。

こうした背景から、当然の習慣として毎年ワクチンを接種するのではなく、猫それぞれの感染リスクを正しく判断し、必要以上のワクチン接種は避けようという動きがさかんになってきました。

WSAVA（世界小動物獣医師会）のワクチネーションガイドラインに基づけば、室内で1頭飼い、かつペットホテルを利用しないような感染リスクの低い猫ちゃんの場合は、3年に一度のコアワクチン接種で十分だといわれています。実際にうちのにゃんちゃんもこれに当てはまるので3年に一度の接種にとどめています。

一方、多頭飼育や室内と外を行き来する、あるいはペットホテルを利用する猫ちゃんは感染リスクがあると考えていいでしょう。特にヘルペスウイルスは一度感染した猫は生涯ウイルスを排出し続ける「キャリア」になります。多頭飼育の場合、こうしたウイルスのキャリアの猫ちゃんがいれば、食器やトイレなどを介してほかの猫ちゃんに感染してしまうリスクがあるので注意が必要です。このように感染リスクがあるおうちの場合は、かかりつけの獣医さんとよく相談して接種頻度やワクチンの種類を決めるようにしましょう。

さらに、室内でも感染するリスクがあるのはウイルスだけではありません。フィラリア（犬糸状虫）という蚊が運ぶ寄生虫に感染することがあります。フィラリア症と聞くと犬の病気だと思いがちですが、最近になって猫の突然死の原因になることがわかってきました。ゾエティス社の調査によると、フィラリアに感染した猫の4割は室内飼いだったそうで、北海道から沖縄まで全国で猫への感染が報告されているようです。

猫のフィラリア症は診断や治療が難しい病気なので、予防が何より大切です。皮膚に直接たらすスポットタイプのお薬や飲み薬があるので、かかりつけの先生に相談してみましょう。

絶えない誤食事故……室内にも危険はたくさん!

室内での生活は外の世界に比べれば安心とはいえ、実はおうちの中にも猫の命を脅かす危険なものはたくさん存在します。特に「誤食」によって命を落とす猫ちゃんはまだまだ多いのです。

猫ちゃんが誤って食べてしまうもので最も多いものが「ひも」です。おもちゃについたひもや靴ひも、かざりのリボンや裁縫用の糸など何でも飲みこんでしまいます。こういったひもが危険なのは、腸のぜん動運動によってひもに沿って腸が手繰り寄せられてしまうことでパーカーやズボンのひもをぎゅっとしめたときのようにクシャクシャになってしまうからです。こうなってしまった腸は、血液が流れなくなって壊死したり、内容物が詰まったりして、最終的には命に関わる危険な状態に陥ります。

また細長い糸の場合は、舌の根元に引っかかり、そのまま胃から腸、場合によってはおしりの穴まで伸びてしまっていることもあります。口やおしりから糸が出ているととっさに引っ張ってしまいがちですが、腸が裂けてしまう場合もあるので、絶対にやってはいけません。すぐに動物病院へ連れていってください。

「針つきの糸」もいうまでもなく危険です。裁縫用の糸を片付け忘れて、猫が遊んでいるうちに縫い針ごと飲み込んでしまい、ノドから目の奥に向かって刺さった猫ちゃんの治療を2例経験したことがあります。幸い眼球や大きな血管に刺さることはなかったので大事には至りませんでしたが、一歩まちがえれば失明する非常に危険な状態でした。

では、なぜ猫はひもを食べてしまうのでしょうか。実は、猫も好き好んでひもを食べているわけではないのです。猫

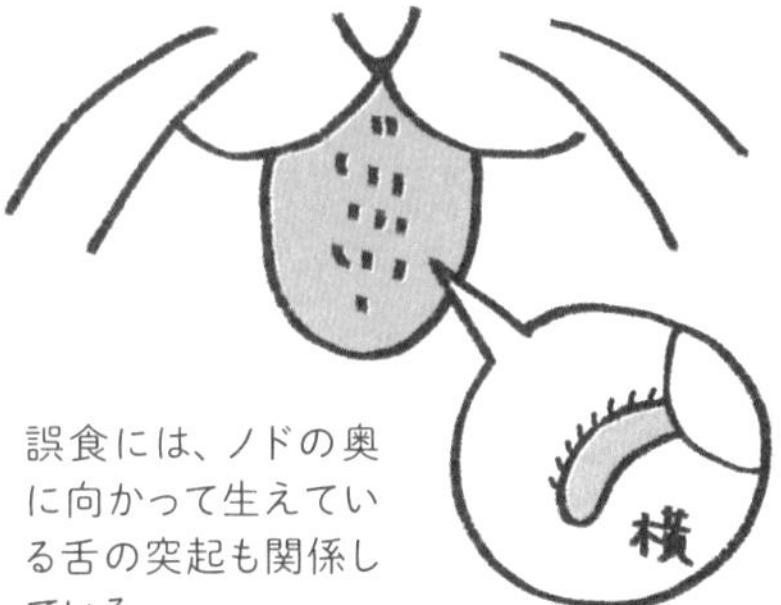

誤食には、ノドの奥に向かって生えている舌の突起も関係している

の舌はとてもざらざらしており、この突起をよく見てみるとノドの奥に向かって生えています。この突起にひもが引っかかってしまうことで、舌を動かせば動かすほどノドの奥に手繰り寄せられてしまい、意図せず飲みこんでしまうのです。猫はひもで遊ぶのが大好きなので、飼い主さんが片付け忘れたひもでひとり遊びしているうちに誤って飲み込んでしまうケースが多く見られます。ひも状のものは必ず猫の手の届かないところに片付け、不要なものは捨てるようにしましょう。

ひもだけではありません。ペットショップやホームセンターでよく見かける「ネズミを模したおもちゃ」もかなり危険です。信じられないかもしれませんが、猫は4～5センチぐらいの大きさのおもちゃであればかんたんに飲みこんでしまいます。そもそも、猫はネズミなどの小動物を丸呑みしていたので、それをそっくりそのまま再現したものを飲みこんでしまうのは当然ですよね。もちろんおもちゃは消化されないので、手術での摘出は避けられないでしょう。あまりにも誤食してしまう猫ちゃんが多いので、獣医師の間でも「販売を中止にしてほしい」という声が挙がっているほどです。おうちにあるならすぐに処分することおすすめします。

また、猫が過ごすお部屋に「ジョイントマット」を敷くのも避けたほうがいいです。特に賃貸住宅にお住まいの方はフローリングのキズ予防や足音などの騒音対策として敷いているケースも多いのではないでしょうか。どうやら猫ちゃんにとってはあのやわらかい食感（？）がたまらないようで、いたずらしているうちに誤って飲みこんでしまうケースが多々あるのです。伸縮性があるので腸につまりやすく、開腹手術になったり、最悪の場合亡くなることもあります。すでにマットをボロボロにされているおうちは撤去を検討すべきだと思います。

ユリは超猛毒！　植物は「持ち込まない」がベター

植物も特に注意しなければなりません。猫にとっては、７００種類以上の植物が〝毒〟であるといわれています。これは猫が肉食に特化していく過程のなかで、肝臓のグルクロン酸抱合という解毒経路を失ったためではないかと考えられています。なかでもユリ科の植物は超猛毒で、葉や花びらを少しかじったり、花瓶の水を飲んだりしただけでも猫ちゃんの命をかんたんに奪ってしまうのです。ユリ科の植物には一般に広く親しまれているものも多く、テッポウユリやオニユリだけでなく、チューリップやヒヤシンス、カサブランカなども該当します。ユリ中毒を起こしてしまうと、有効な治療法はありませんので、とにかく飼い主さんに気をつけていただくほかにいまのところ手立てがないのが実情です。

それならばと「どの植物なら安全でしょうか？」とたずねられることがありますが、どの植物がどのくらい毒性を持つか厳密に証明されているわけではありません。にゃんとす家ではどんな植物やお花もいっさい「飾らない・持ち込まない」を徹底しています。同じ理由から、植物のエキスを濃縮したアロマオイルや精油も避けましょう。

また、肝臓の解毒経路がひとつないことは薬の代謝にも大きな影響を与えます。人間や犬では問題なく使用できる薬や量でも、猫では毒性が強く出ることもしばしばあります。薬を自己判断で与えないことはいうまでもありませんが、

猫ちゃんの手の届かない戸棚などにしまうようにしておきましょう。

　こういったお話をすると、「うちの子はいままで問題なかったから大丈夫」とおっしゃる方がいるのですが、猫は突然興味を持って予測できない行動をとってしまう動物なのです。治らない病気で苦しむ猫ちゃんがたくさんいるなかで、誤食や中毒にまつわるトラブルは、飼い主さんが注意しさえすればあらかじめ防ぐことができます。知識不足や不注意で愛猫の命を落としてしまうような悲しいことが起きないよう、お部屋の中をあらためてチェックしてみてください。

タバコ、香料入り洗剤、消臭除菌スプレーで健康被害も

　人間の生活のなかで猫に有害なものはまだたくさんありますが、「タバコ」もその代表格です。人間でも喫煙者は肺がんをはじめとした多くのがんの発症のリスクを上げることが知られています。国立がん研究センターが「がんを予防するにはタバコを吸わないことが最も効果的」と警鐘を鳴らすぐらい、タバコは健康に大きな影響を与えるのです。

　そんなタバコは、猫への影響ももちろん少なくありません。実際に喫煙者がい

る家の猫ちゃんは血液のがんである「悪性リンパ腫」になる確率が最大4・1倍に跳ね上がる可能性が指摘されているのです。なかには「タバコは外で吸うようにしていて、お部屋の中では吸わないから大丈夫！」と主張される方がいますが、本当に「室内で吸わなければ問題ない」のでしょうか？

実は最近、その場にタバコの煙がなくても、環境中に残留したタバコ由来の化学物質を人や動物が吸い込んでしまうことがわかってきました。これを「三次喫煙（残留受動喫煙）」といい、その危険性が知られつつあります。ドイツの最新の研究では「禁煙」の映画館でも喫煙者の衣服やからだについた有害物質が持ち込まれ、タバコ10本分の濃度にもなる有害物質もあったそうです。

このように、家でタバコを吸わないように徹底していたとしても、喫煙者の衣服やからだについた有害物質を持ち帰ってしまう可能性は十分あります。これらが猫の毛やからだにつけば、グルーミングによって有害物質を口から摂取してしまうことになるでしょう。喫煙者がいる家の猫が口腔がん（扁平上《へんぺいじょう》皮癌《ひがん》）や腸のリンパ腫（消化器型リンパ腫）を発症するリスクが高いのも、こういった背景と無関係とはいいきれません。

一方で興味深いことに、ある研究によるとシャンプーをしている猫ちゃんは口

腔がん（扁平上皮癌）を発症するリスクが10分の1まで減少する可能性が示されています。これは定期的なシャンプーによって被毛についた発がん物質が洗い流され、グルーミングなどで猫の口や体内に取り込まれる発がん物質の量が減少したからではないかと考えられています。しかし、多くの猫ちゃんはお風呂が苦手ですよね。実際にお風呂に入れると猫のストレスの指標である血糖値や乳酸値が大幅に上昇することもわかっており、いくらがんの予防のためとはいえ、ストレスを与えてしまっては元も子もありません。こういった知見を踏まえると、効果が実証されているわけではありませんが、定期的にウェットタオルなどで猫ちゃんのからだを清潔に保ってあげることががん予防の一助になるといえそうです。

また最近、危険性が指摘されはじめているものが「香りの強い柔軟剤」や「消臭除菌スプレー」です。みなさんのなかにも、洗剤や柔軟剤の香りで頭が痛くなったり、気分が悪くなったりした経験がある方も多いのではないでしょうか。

実はこれらが原因と思われるペットの健康被害が、２０１９年に獣医師専門誌ではじめて報告されました。香料として使用される化学物質による、いわゆる

「香害」と呼ばれる健康被害はどうやら猫にも起きているようなのです。

その専門誌では、香りが強く残るタイプの柔軟剤の使用をはじめたあとから元気がなくなり、食欲の低下やよだれ、肝臓の障害、腎臓の機能低下などが観察された猫2例が報告されていました。うち1例は意識昏迷まで症状が進行しましたが、適切な治療と柔軟剤の使用中止で一命を取り留め、症状も改善したそうです。

消臭除菌スプレーは猫での報告はありませんでしたが、消臭スプレーを頻繁に使用する家の犬が涙や目やに、呼吸困難などの症状が続き、スプレーの使用中止で症状が改善したそうです。からだの小さなペットの近くでシュッシュッとするのは控えたいものです。

さらにカビやぬめりをとる「塩素系洗浄剤」による健康被害も2例報告されています。いずれも飼い主が浴室掃除などで塩素系洗浄剤を使っていたところを近くで眺めていた猫ちゃんに症状が現れたようです。1例は呼吸困難症状により入院、もう1例は発症から約10日で亡くなってしまったそうです。このような洗浄剤を使用する際は、しっかり換気をしながら、猫が近づかないように最大限注意してください。

誤食に注意すべき主なもの

（**太字**は特に注意）

生活用品

☆ひも類全般（靴ひも、ビニールひも、ラッピング用のリボン、毛糸など）
☆髪どめ用ゴム、輪ゴム
☆裁縫道具（糸、縫い針など）
☆釣り糸・針
☆ビニール類（レジ袋、ゴミ袋、ラップ、ドレッシングの使用済み小袋など）
☆ジョイントマット・スポンジ製品
☆人間用の飲み薬やサプリ
☆タオルや衣服などの布製品
※ウールサッキング（209ページ参照）をする猫ちゃんは特に注意
☆鎮痛剤入りの湿布
☆ピアスなどのアクセサリー
☆ティッシュペーパーやウェットティッシュ
☆保冷剤（最近は少ないが、エチレングリコールが使用されているものは毒性あり）
☆硬貨（飲み込むことは非常にまれだが、ゼロではない。腸閉塞を起こしやすいものとして文献あり）

植物全般

☆ユリ科（テッポウユリ、オニユリ、チューリップ、ヒヤシンス、カサブランカなど）は絶対にNG
☆ナス科(ナス・トマトなど、実よりも葉や茎が危険)
☆アボカド(葉や茎が危険・実も注意)
☆そのほか700種類以上が毒

※植物のそれぞれの毒性についてはまだ明らかでないため、基本的には「すべて持ち込まない」がベター

おもちゃ類

☆ネズミを模したもの
☆ひものついたもの

※そのほか、飲み込めるサイズのもの。特にゴム製品のものは腸閉塞の危険性が高いため要注意

猫に健康被害をおよぼす可能性のある主なもの

（**太字**は特に注意）

人間の食品類

基本的に人間の食べものは与えるべきではない

食べると危険なもの

☆ **玉ねぎ／ニンニク／ニラ／ネギ／アワビ／チョコレート／カフェイン入り飲料**

☆ **生肉**

→トキソプラズマなど人間にも感染のリスクがあり非常に危険
特に妊婦、小さい子ども、お年寄りがいる家庭では注意

→ゆでたささみなど、火を通したものはOK

☆ **骨つき肉／アルコール／アボカド**

食べすぎは危険なもの

☆ 生のイカ／タコ／青魚、マグロ／レバー

☆ 果物（糖分が多く、いちじくなど猫にとって毒性があるといわれるものも）

☆ 野菜（消化しにくい）／ドッグフード（必須アミノ酸のちがい）

注意が必要

☆ 牛乳

犬には危険だが猫ではよくわかっていないもの

☆ ナッツ／ぶどう・レーズン／キシリトール

生活用品

健康を害するリスクが非常に高いもの

☆ **タバコ／香料入りの洗濯用洗剤や柔軟剤／消臭除菌スプレー／殺虫剤／アロマオイル／精油**

危険な可能性があり、なるべく避けたほうがよいもの

☆ お香など

「半年に1回」の健康診断は人間の「2年に1回」ペース

あなたは猫ちゃんを健康診断に連れていってあげていますか？　健康診断を受けさせたほうがいいのはわかっているけど、「どれくらいの頻度で受けさせればいいんだろう？」「実際にどの検査を受けるべきなの？」などとあれこれ考えているうちについあとまわしになっていませんか？

猫は本能的に病気を隠す習性があり、飼い主さんが不調のサインになかなか気づきにくいといわれています。たとえ気づいたとしても、慢性腎臓病やがんなどは無症状のままじわじわと進行し、症状が出た頃にはすでに手遅れになっていることも多いのです。健康診断によってこういった病気を早期に発見し、早期に治療を開始することができれば、ぐんと寿命も伸びることでしょう。

では、「何歳から」「どれくらいの頻度で」健康診断に連れていけばいいのでしょうか。

まず、慢性腎臓病やがんなどさまざまな病気のリスクが上昇する7~8歳からは、半年に1度の健康診断をおすすめします。「そんなに短い間隔で健康診断を受けさせる必要があるの？」と思われるかもしれませんが、人間に換算すると2年に1回のペースです。多くの職場や学校では、毎年健康診断がありますよね。それを考えると、猫の「半年に1回」は決して多すぎるものではありません。尿検査のような簡易的な検査は猫がその場にいなくても検査を受けられるので、もう少し頻度を増やし、年3〜4回受けておくとさらに安心です。

一方、若くて健康な猫ちゃんには健康診断が必要ないかというとそういうわけではありません。たしかに高齢のほうがなりやすい病気は多いのですが、若くして患ってしまう病気もたくさんあります。たとえば、尿路結石は3歳未満の猫ちゃんでも発症し、命に関わる急性腎不全に陥ってしまう場合があるのです。尿検査や超音波検査などで、尿結石ができやすい体質かどうかや結石ができていないかどうかをチェックしておく必要があります。若い猫ちゃんも少なくとも年に1回は健康診断を受けることをおすすめします。

それでは、具体的にどんな項目を検査してもらうとよいのか、我が家のにゃん

ちゃんを例に挙げながらお話ししていきましょう。

健康診断、にゃんとす家の場合

うちのにゃんちゃんは現在8歳。半年に1回おこなう健康診断のメニューは「一般的な身体検査」「血液検査」「尿検査」「レントゲン検査」「おなかの超音波検査」です。これらの検査を受ける際には、約8〜12時間前からなるべく絶食にして、おなかの中を空っぽにしておきましょう。この間に食事をさせてしまうと、主に血液検査の項目に影響する可能性があるためです。お水は飲ませても問題ありません。どうしても絶食が難しい場合には、かかりつけ医に相談してみましょう。加えて、おしっこやうんちを持参する必要があればあらかじめ用意しておきます（採尿については106ページも参照）

そして検査当日、病院へ。健康診断の事前予約が必要な場合は、忘れずにやっておきましょう。

まずは身体検査では熱がないか、心臓や呼吸の音や数に異常がないか、リンパ節がはれていないかやお口の中などをチェック。血液検査は、大まかに猫ちゃんのからだの中で異常が起きていないかを調べるためにとても有用な検査です。

また、猫ちゃんはおしっこの病気が非常に多いので、尿検査は必須といってもいいでしょう。おしっこに目に見えない血液が混ざっていないか、タンパクが漏れ出ていないか、結石のできやすさの目安となるpH値は正常か、結石のもとになる結晶はできていないかなど、おしっこを調べることで得られる情報は多いのです。

レントゲン検査は臓器の大きさや位置に異常がないかを大まかに知るのに効果的です。たとえば心臓の影が大きいのであれば、心臓疾患の可能性を視野に入れてより詳しい検査に進むことができます。肺の異常や、腎臓や膀胱内の結石の有無もわかります。
おなかの超音波検査では、レントゲン検査ではわからない内臓の細かな構造や血流の観察、レントゲンには写らない種類の尿結石の発見にも役立ちます。特に腸の構造や動きの観察は超音波検査の得意分野で、消化器型リンパ腫のような恐ろしい病気も早期に発見できる可能性

があります。

以上の検査を数時間～半日ほどのあずかりでおこなう病院が多いでしょう。費用は動物病院によって異なりますが、だいたい2万円前後といったところでしょう。治療ではなく、病気の予防や早期発見を主目的におこなう健康診断はペット保険に加入していてもカバーされないことが多いため、基本的には飼い主さんが全額負担することになります。小さな額ではありませんが、猫ちゃんの長生きのために必要なお金として準備しておきたいものです。

さらに安心、追加するならこんな検査も

追加で、心臓の超音波検査はぜひチェックしておきたい項目です。肥大型心筋症は猫に最も多い心臓病で、ある日突然発症する大動脈血栓塞栓症《だいどうみゃくけっせんそくせんしょう》も、気づかないうちにこの心筋症がじわじわ進行することによって起こります。超音波検査では、レントゲン検査とは異なり、心臓の筋肉の厚さや細かな動きなどを観察できるので、心臓病の早期発見に役立つのです。8、9歳までは2、3年に1回、9歳以上は1年に1回を目安に検査を受けるとよいでしょう。

健康診断の結果はこう見よう

健康診断を受けると、下のような結果用紙がわたされると思います。
ここでは検査に登場する用語や見方のポイントをにゃんとすが解説します。

※健康診断報告書の一例

健康診断報告書

フタミ　様
タマ　ちゃん
猫　6歳2カ月

体重　4.2kg　体温　℃　脈拍　/分　呼吸数　/分

受付日：2020.4.1
報告日：2020.4.2
材料：
乳び：(　)　溶血：(　)

項目	今回の成績	単位	参考基準範囲	L				H	2019/04/01	2018/04/01
白血球数	6500	/μL	5500 - 19500	-	-	○	-	-	5000	6600
赤血球数	939	万/μL	500 - 1000	-	-	-	○	-	964	920
ヘモグロビン	15.3	g/dL	8.0 - 15.0	-	-	-	-	▲	16.8	16
ヘマトクリット(Ht)	48.6	%	24.0 - 45.0	-	-	-	-	▲	48.7	53.7
MCV	51.8	fL	39.0 - 55.0	-	-	-	○	-	50.5	58.4
MCH	16.3	pg	12.5 - 17.5	-	-	-	○	-	17.4	17.4
MCHC	31.4	%	32.0 - 36.0	▼	-	-	-	-	34.5	29.8
血小板	20.0	万/μL	30.0 - 70.0	▼	-	-	-	-	20.4	17.8
総タンパク(TP)	7.0	g/dL	5.7 - 7.8	-	-	○	-	-	7.1	7
アルブミン(ALB)	3.5	g/dL	2.3 - 3.5	-	-	-	○	-	3.6	3.4
グロブリン(Glob)	3.6	g/dL	2.8 - 5.0	-	-	○	-	-	3.4	3.5
A/G比	1.0		0.1 - 1.1	-	○	-	-	-	1	0.94
総ビリルビン(T-Bil)	0.1未満	mg/dL	0.0 - 0.4	-	○	-	-	-	0.1未満	0.1
AST(GOT)	26	U/L	18 - 51	-	-	-	-	-	25	31
ALT(GPT)	85	U/L	22 - 84	-	-	-	-	▲	73	98
ALP	71	U/L	0 - 165	-	-	○	-	-	67	76
γ-GTP(GGT)	1未満	U/L	0 - 10	-	○	-	-	-	1未満	0.4
リパーゼ(Lip)	20	U/L	0 - 30	-	-	-	○	-	16	23
尿素窒素(BUN)	27.3	mg/dL	17.6 - 32.8	-	-	○	-	-	30.9	27
クレアチニン(CRE)	1.46	mg/dL	0.80 - 1.80	-	-	○	-	-	1.11	1.3
総コレステロール(T-Cho)	205	mg/dL	89 - 176	-	-	-	-	▲	190	176
中性脂肪(TG)	63	mg/dL	17 - 104	-	-	○	-	-	87	62
カルシウム(Ca)	9.6	mg/dL	8.8 - 11.9	-	○	-	-	-	10.4	9.8
無機リン(IP)	4.0	mg/dL	2.6 - 6.0	-	-	○	-	-	4.1	4.4
血糖(Glu)	134	mg/dL	71 - 148	-	-	-	○	-	129	112
ナトリウム(Na)	151	mEq/L	147 - 156	-	-	○	-	-	155	
クロール(Cl)	116	mEq/L	107 - 120	-	-	-	○	-	117	
カリウム(K)	3.8	mEq/L	3.4 - 4.6	-	-	○	-	-	4.2	

血液検査に登場する主な用語解説

血球検査(CBC)=全身を流れる「血液の異常」を検出する検査

赤血球数

酸素を運ぶ赤血球の数です。同時に“血液の濃さ”を示すヘマトクリット(Ht)値(もしくはPCV)や血色素であるヘモグロビン値も測定します。一般的に脱水や貧血があるかどうかを判断します。また赤血球の大きさやヘモグロビンの濃さを示すMOV、MCH、MCHは貧血の原因を予測するのに用います。

白血球数

白血球は細菌やウイルスなどの病原体から身を守ったり、傷を治したりする役割を担う細胞です。増加している場合は感染を起こしていたり、からだの中で炎症が起こっていたりします。

血小板数

出血を止めるときに活躍する血小板の数です。少ない場合は、血が止まりにくい病気の可能性があります。また採取した血液の扱い方によっては低い値が出てしまうこともあります。

血液生化学検査=「各臓器の異常」を検出する検査

尿素窒素(BUN)/クレアチニン(CRE)

体内でエネルギーを使ったときに出る“燃えカス”たち。通常は腎臓でろ過されて尿と一緒に排出されますが、腎臓が悪くなると血液中に残るため、数値が高くなります。BUNは脱水や血液の流れが悪いとき、CREは筋肉が痩せてしまう病気(甲状腺機能亢進症など)があるときは正しく評価できないことがあります。

ALT(GPT)/AST(GOT)

主に肝臓の細胞がこわれたときに血液中に漏れ出る酵素です。肝臓のダメージの指標としてよく測定されますが、高いからといって肝臓のはたらきが低下しているとは限らないので注意が必要です。自己判断で肝臓病の療法食を与えると、病状を悪化させる可能性があります。AST(GOT)は肝臓以外のダメージでも上昇するため、ALT(GPT)のみを測定する病院も多いです。

ALP/γ-GTP(GGT)

ALPやGGTは胆汁の流れが悪くなったときに血液中に漏れ出てくる酵素たちです。特に猫でALPが上昇している場合、肝リピドーシスや胆管肝炎、甲状腺機能亢進症、糖尿病など重篤な病気の場合があります。ALPの上昇があった場合、症状があまりなかったとしても、詳しい検査を受けたほうがよいでしょう。

血糖値(Glu)

糖尿病の指標になります。しかし猫の場合は採血の際に興奮したり、ストレスがかかったりすると一時的に上昇するので、正しく評価できないことがあります。尿検査で糖が検出されているかやストレスの影響を受けないフルクトサミンなどの項目を追加検査して総合的に評価します。一方、肝臓のはたらきが悪くなったときは低血糖になることがあります。

タンパク

総タンパク(TP)は主にアルブミン(ALB)とグロブリン(Glob) が主成分です。ALBは栄養状態や肝・腸・腎臓の機能を反映します。Globは免疫に関わるタンパクなので、主に感染症のときに上昇します。

脂質

総コレステロール(T-cho)や中性脂肪(TG)などが含まれますが、猫では人間に多い動脈硬化症や脂質異常症は非常に稀なため、獣医学領域ではあまり重要な検査項目ではありません。

電解質

ナトリウム(Na)・カリウム(K)・クロール(Cl)やカルシウム(Ca)・リン(P)が含まれます。いわゆるからだのミネラルのバランスを見る検査項目で、脱水の有無や腎臓や腸の機能などを反映します。

おもな臓器や器官の状態はこの項目をチェック！

（↑…上昇に注意　↓…下降に注意）

肝臓	・肝臓のダメージ：ALT（↑）、AST（↑） ・胆汁の流れが悪い：ALP（↑）、γ-GTP（GGT:↑）、総ビリルビン（↑）、総コレステロール（↑） ・肝臓のはたらきが悪い（肝不全）：アルブミン（↓）、総コレステロール（↓）、血糖（↓）、尿素窒素（BUN:↑）、アンモニア（↑）、総胆汁酸（↑）
腎臓	尿素窒素（BUN:↑）、クレアチニン（↑）、リン（↑）、カルシウム（↓）、ナトリウム（↑）、カリウム（↓）、SDMA（↑）
膵臓	血糖（↑：糖尿病）、総コレステロール（↑：糖尿病）、リパーゼ、spec fPL（↑：膵炎）
心臓	NT-proBNP（↑）
腸	総タンパク（→/↓）、アルブミン（↓）、グロブリン（Glob:→/↓）、ナトリウム（↑）、カリウム（↓）、クロール（↑）
甲状腺	ALT（↑）、ALP（↑）、甲状腺ホルモン（T4：↑）
脱水	ヘマトクリット・PCV（↑）、ナトリウム（↑）、クロール（↑）、総タンパク（↑）、ALB（↑）、尿素窒素（BUN:↑）
貧血	ヘマトクリット・PCV（↓）、赤血球数（↓）、ヘモグロビン（↓）
炎症	白血球数、SAA（↑）

最近では血液検査でも肥大型心筋症の存在を予測することができるようになってきました。NT-proBNPは心臓の筋肉から分泌されるホルモンですが、症状のない心筋症の猫ちゃんでこのホルモンの血中濃度が上昇していることがわかり、早期発見に有用である可能性が報告されています。

さらに、猫の腎臓の状態をより詳しく知るための血液特殊検査として、腎臓病の早期発見マーカーの「SDMA」があります。このSDMAは従来の腎臓病の検査項目であるクレアチニンよりも平均で17カ月も早く上昇することがわかっています。腎臓病は療法食などによる治療を早期に開始することで、進行を大きく遅らせることができるため、有用な検査項目といえるでしょう。実際に2019年に改定された国際獣医腎臓病研究グループ（IRIS）の慢性腎臓病ステージ分類では、このSDMAが評価項目に加わりました。獣医師からの注目度も高い検査項目であることがわかります。

また高齢の猫ちゃんによく見られる甲状腺機能亢進症は、甲状腺ホルモンである「T4」を測定することで診断が可能です。こちらも余裕があれば検査しても

らうと安心でしょう。

動物病院によっては検査できない項目もあるので、かかりつけの先生とよく相談して猫ちゃんの年齢や状態に合った検査内容を検討してみてください。

おうちでもこまめな健康チェックを

健康診断で定期的に動物病院に連れていくことはもちろん、日常生活のなかでちょっとした異変にすばやく気づいてあげることもとても大切です。にゃんとすも実践しているおうちでの健康チェックのポイントを見ていきましょう。

体重はグラム単位での測定がベスト

肥満は糖尿病をはじめとしたさまざまな病気のリスクになりますし、逆に体重が減少する場合はすでにさまざまな病気が影に隠れている可能性が高いと考えられます。肥満の予防や病気の早期発見のために、こまめに体重を測りましょう。

できればグラム単位で測定できるペットスケールの体重計がベストですが、100グラム単位以下が測定できるものであれば人間用の体重計でもかまいませ

ん。ただし、猫ちゃんにとっての100グラムは人間でいうと1キログらいに相当するため、人間にとってはわずかに感じられる増減も見過ごさないようにしましょう。

抱っこが好きな猫ちゃんであれば、抱いた状態で人間用の体重計に乗り、あとから飼い主さんの体重を引く方法でOKです。うちのにゃんちゃんは紙袋や段ボールが大好きなので、それらの中に入って遊んでいる間にそのまま体重計に乗せてしまいます。あとから紙袋や段ボールの重さを引けば、かんたんに体重が測れるのでおすすめです。

つらい痛みは様子や表情からも判断可能

高いところへの昇り降りができなくなると「うちの猫も年をとってしまったのかな……」と考えがちですが、もしかするとからだが痛いだけかもしれません。特に関節炎（変形性関節症）は程度に差はあれどほとんどの猫ちゃんが発症している可能性が指摘されています。

6歳以上の猫100頭を対象としたある研究によると、61%の猫で関節炎があり、特に14歳以上の猫では実に82％の猫が関節炎になっていたそうです。関節炎は命に関わる病気ではありませんが、痛みを伴うので猫ちゃんの生活の質（QOL）が著しく下がります。

あまり遊ばなくなった、寝ている時間が増えた、トイレの段差が障害となってトイレ周りで失敗する、グルーミングや爪とぎの回数が減った……などの様子が見られる場合も関節炎が隠れている可能性があります。ダイエットや鎮痛剤で痛みのコントロールをすることで、また昔のように元気に遊びまわってくれるかもしれません。すぐに年齢のせいにせず、まずはかかりつけの獣医さんに相談してみましょう。

そして関節炎のようなジワジワとした痛み（慢性疼痛《とうつう》）ではなく、強い痛み（急性疼痛）がある場合、人間でいうところの顔を歪めるような表情の変化が猫でも見られることがわかってきました。目を細める、ウィスカーパッド（口元）の緊張、耳を外に向ける、ヒゲを真っ直ぐ前方にピンっと伸ばす、顔が肩の位置より下がる、といった変化がある場合は、耐えがたい強い痛みを感じているかもしれません。いざというときのために、この顔の特徴は覚えておくよいでしょう。

顔や姿勢から痛みがわかることも

顔の表情

平常時

強い痛み（急性疼痛）があるとき

強い痛みがあるときには、いつもより目を細める、ウィスカーパッドの部分の緊張、耳を外に向ける、ヒゲをまっすぐにピンと伸ばす、などの表情が見られることも。

姿　勢

平常時

強い痛み（急性疼痛）があるとき

姿勢にもヒントがあることも。顔が肩の位置より下がり、じっとしている、あまり動きたがらない、といった様子が見られる場合は注意を。

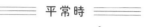

スキンシップでしこりや傷をチェック

猫の死因の第1位は「がん」です。人間と同じで猫のがんも早期に発見することができれば、根治を目指すことができます。特にメス猫が発症する「乳がん」は進行が早いがんで、気づいたときには手遅れだったということも多くあります。ある研究によると、腫瘍を2センチ以下の大きさで発見することができれば、その後の生存期間がぐっと延びることがわかっています。

乳がんで苦しむ猫をゼロにする、キャットリボン運動では乳がんの早期発見のために「乳がんチェックなでなでマッサージ」を推奨しています。猫ちゃんが機嫌のよいときを狙って、上のイラストのように膝で猫ちゃんを挟むように仰向けにしてみましょう。おっぱいのまわり、わきの下から足の付け根までおなかの広い範囲を少しつまむような感じでしこりがないかチェックしていきます。ストレスになってしまってはよくないので、猫ちゃんが嫌がったらそこで終了。無理はせず、猫ちゃんの気が向いたときに少しずつ進めていきましょう。詳しい

おうちでこまめに乳がんチェック

キャットリボン運動公式ホームページ
https://catribbon.jp

方法は、キャットリボン運動の公式ホームページを参考にしてみてください。

また、乳がんはホルモンの影響を大きく受けるため、適切な時期に避妊手術を受けるだけで、その発生を大幅に抑えることができます。具体的には生後12カ月以内に避妊手術を受けると、およそ90%乳がんの発症を抑えることができますが、12カ月を超えてしまうと10%程度しか発症を抑えることができなくなってしまうのです。ほとんどのがんはどれだけ気をつけていても予防することはできませんが、乳がんは確立された予防法のある数少ないがんです。生後6カ月頃を目安にかかりつけ医と相談しながら、避妊手術を受けさせてあげてください。

乳腺部分以外にもがんはできます。猫の皮膚にできる「肥満細胞腫」は乳がんなどに比べるとそれほど悪さをするがんではありませんが、早くとっておくに越したことはありません。また、ワクチンの項でもお話ししたように、ごく稀にワクチンを接種した場所に「注射部位肉腫」というがんができることがあります。ワクチンの接種後はその場所にしこりができないか、よく注意しておいてください。早期に気づくことができれば完全に切除することが可能です。

悪性度の高いものとしては、顔まわりにできる「扁平上皮癌」もあり、紫外線に関連することが知られています。特に色素のうすい白猫は紫外線の影響を受けやすく、扁平上皮癌のリスクが高いといわれています。ひなたぼっこはほどほどにしておきましょう。紫外線の強い夏場はとくに何時間も日に当たることがないように注意が必要です。このがんはしこりではなく、傷をつくることも多いため、毛の薄い耳先や鼻先、口まわり、口の中などになかなか治らない傷、かさぶた、口内炎がある場合は要注意です。猫に多い難治性口内炎は左右対称にできるのに対して、扁平上皮癌の場合は片側だけに口内炎ができるのも特徴です。

毎日猫ちゃんをなでるときは、しこりができていないか、いままでなかった傷はできていないか、よく観察するようにしましょう。

おしっこや飲水量をきちんと把握しておこう

高齢の猫ちゃんがなりやすい3大病である「慢性腎臓病」「甲状腺機能亢進症」「糖尿病」はすべておしっこの量が異常に増え、ノドが渇き、水をよく飲むことが特徴です。そのため、おしっこの量や水を飲む量をよく観察しておくとよいでしょう。

おしっこの量は、固まるタイプの砂をトイレに使っている場合は、おしっこ玉の大きさ、システムトイレの場合はペットシーツのおしっこの円の大きさで判断

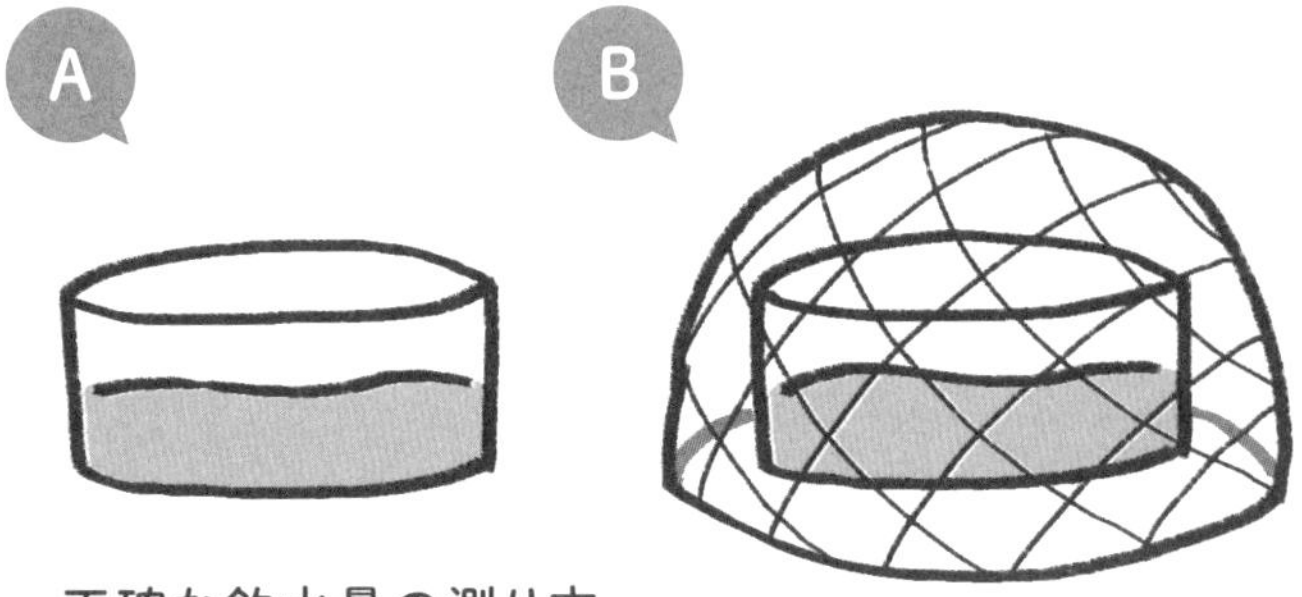

正確な飲水量の測り方

同じ形の水入れＡとＢを用意し、両方に同じ量の水を入れる。
Ａは普段どおり猫が自由に飲める場所に置き、その隣に猫が飲めないように網やざるをかぶせたＢを置く
Ｂの残りの水の量－Ａの残りの水の量＝猫が飲んだ水の量

しましょう。大きくなってきた場合は、これらの病気が隠れている可能性があります。

正確な飲水量を測る場合は、イラストのように蒸発量を考慮に入れた方法で測るといいでしょう。あくまでも目安ですが、「体重×50㎖」以上飲んでいる場合は水の飲み過ぎかもしれません。

猫ちゃんごとに水の飲む量には個体差があるので、日頃から飲水量を測定しておき、増加していないかどうかチェックしておきましょう。またウェットフードを与えている場合は、ウェットフードの量（g）×0・7〜0・8が食事から摂取している水分量（㎖）として足し算してください。

便秘は軽く考えず早めの対処を

おしっこだけでなく、うんちの様子を観察することも愛猫の健康状態を把握する上ではとても大事です。特に猫は便秘しやすい動物です。トイレで気張っているのになかなか便が出ないときや、小さくてコロコロした便が少量出る場合は便秘の可能性があります。便秘は大したことのない症状としてとらえられがちですが、放っておくのはよくありません。

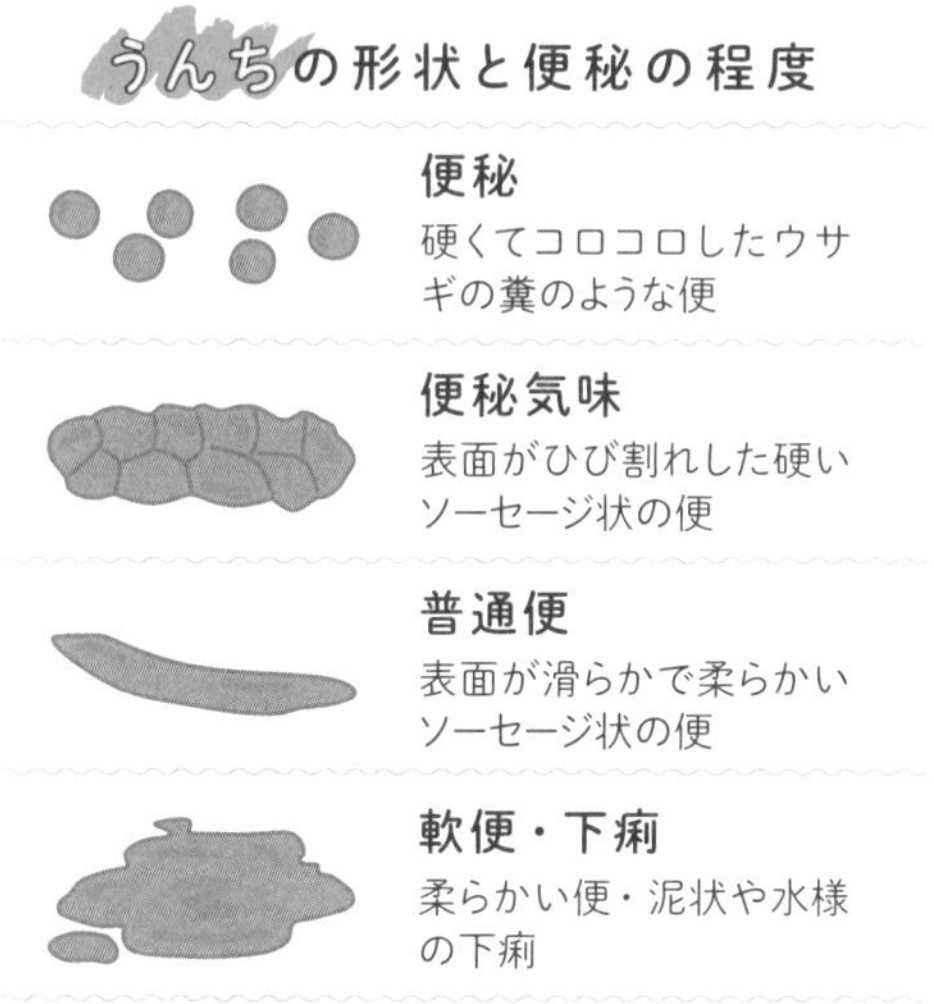

うんちが硬くなると、きばったときに痛みを伴うようになり、痛みがあるとうんちをするのをさらに我慢するようになります。我慢するとうんちから水分が吸収される時間が長くなるため、いっそううんちが硬くなってしまうのです。こうした悪循環に陥ると、ときには食欲や元気がなくなったりするほど、症状が悪化してしまうこともあります。ここまで進行すると、動物病院で

浣腸や摘便（指で便を掻き出す）の処置が必要になるかもしれません。

さらに放置してしまうと、たまったうんちによって腸が伸びきってしまう「巨大結腸症」という病気をも招きかねません。伸びきってしまった腸は元には戻らないので、手術で腸の一部を摘出する手術が必要になってしまうのです。

こうなる前にうんちの様子をよく観察し、便秘気味であれば食事をウェットフードに変えたり、便秘によく効く療法食を獣医師に相談して処方してもらうなど、早めの対応を心がけましょう。うちのにゃんちゃんもときどき便秘気味になるため、その際は療法食を与えるようにしています。

また、便秘は慢性腎臓病の初期にも見られる症状です。便秘で来院した猫を調べたある研究によると、慢性腎臓病を患っている猫は3・8倍便秘のリスクが高かったそうです。これは裏を返せば、便秘になりやすい猫は慢性腎臓病かもしれないということです。便秘が続くようなら、健康診断も兼ねて一度動物病院を受診されることをおすすめします。

心配すべき嘔吐の特徴

嘔吐の回数や内容物も記録しておくといいでしょう。猫はもともと獲物を丸呑みし、消化できない毛などを吐き戻す習性があったので、猫が吐いたからといって必ずしも病気とは限りません。グルーミングによって胃にたまった毛玉を吐き出すのは、猫にとっては自然なことでもあります。そのため、嘔吐後も変わらず元気や食欲があったり、食後すぐの嘔吐の場合は問題となることは少ないでしょう。

一方で、なんとなく元気や食欲がない、1日に何度も吐く、体重が減少している、といった場合は要注意。病気のサインの可能性があります。短時間に何度も吐く場合はもちろんのこと、元気や食欲が普段と変わらなくても「なんとなく吐く回数が増えた」というのも注意が必要です。

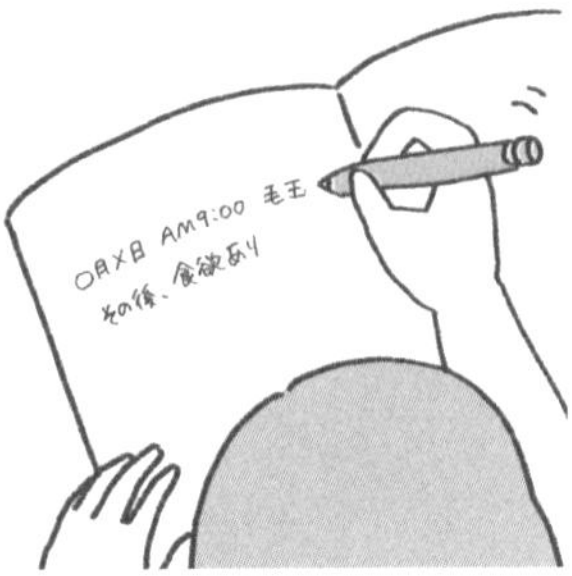

最近の研究では、月に3回以上の嘔吐が3カ月以上続いていた猫ちゃんの96%になんらかの腸の病気が見つかり、しかもその半数が消化器型リンパ腫などの「腸のがん」だったそうです。消化器型リンパ腫は悪性度の低いものであれば、早期発見・早期治療で寿命を

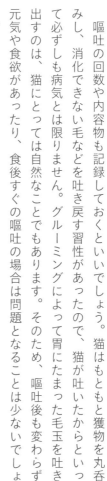

まっとうできることもあります。手遅れにならないためには、嘔吐を甘く見ないこと、そして健康診断で腹部超音波検査を定期的に受ける必要があります。

普段の呼吸回数を測っておく

呼吸の変化にいち早く気づくためには、日頃から愛猫の呼吸の数や様子を観察しておくといいでしょう。動物病院では猫ちゃんが緊張して呼吸が荒くなってしまい、正しく評価することが難しいので、家で猫ちゃんが寝ているときやリラックスしているときにこっそり呼吸数を測ってみましょう。「胸が上がって下がる」で1回です。1分間に20回〜40回が正常ですが、あくまで目安です。猫ちゃんによって個体差があるので、定期的にカウントして〝変化〟を見ることが大切です。気づいたときに数を数えて、スマホのメモ機能などに記録しておくとよいでしょう。急な増加は、肺などの呼吸器系の病気や肥大型心筋症などの心臓の病気、痛みを伴う病気など、何らかの病気のサインの可能性があります。ただし、猫は眠りが浅いときは呼吸が早いこともあるので、何度かタイミングを変えて数えてみ

るとよいでしょう。

毛並みの悪さは皮膚疾患以外の原因も

毛並みや毛ヅヤは外見で判断できる健康のバロメーターのひとつです。皮膚の病気で毛並みや毛ヅヤが悪くなることはイメージしやすいと思いますが、原因はほかにあるかもしれません。たとえば口内炎や歯周病など、口の中に病気がある場合も、その痛みからグルーミングの回数が減り、毛並みが悪くなることがあるのです。また内臓機能の低下やホルモンの病気などでも同じような状態を招くことがあります。毛割れを起こしたり、ゴワゴワな肌ざわりになっていたら要注意です。

しっかり実践！ 飼い主ができる猫の病気予防

少しでも病気になるリスクを下げるために、飼い主さんが日頃からできることもあります。肥満や歯周病、脱水などはいろんな病気のリスクになりますので、しっかり予防していきましょう。

「ぽっちゃりは万病のもと」と心得よう

最新の研究では、最大で60％の猫ちゃんが肥満だといわれています。肥満はさまざまな病気のリスクを上昇させるうえ、なかには肝リピドーシス（94ページ参照）のような命に関わる病気も含まれます。肥満予防は長生きのための重要なポイントのひとつといってもいいでしょう。

さて、現代の猫ちゃんがここまで太ってしまっている原因はなんだと思いますか？　実は最大の原因は、飼い主さんの意識にあります。ある研究によると「太った猫は幸せに見える、猫の生活が充実している証拠」など、愛猫の肥満に対して肯定的な回答をした飼い主さんの猫ちゃんは、そう答えなかったおうちに比べて、最大約5倍も肥満の猫が多かったようです。猫にごはんを与えるのは飼い主さんなので、当然といえば当然のことです。飼い主さんの認識の甘さが愛猫の太る原因なのです。といいつつ、うちのにゃんちゃんもややぽっちゃり体型なので自分でいっておきながら私も耳が痛いのですが……。

近年、マウスや人間の分野では肥満研究が進み、肥満がなぜさまざまな病気を引き起こすのか、そのメカニズ

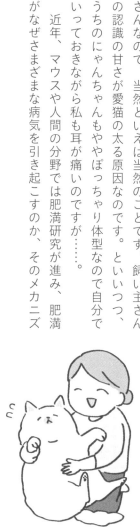

ムの一端がわかってきました。肥満は全身の脂肪で炎症が起こっている状態で、これが肝臓や筋肉などに波及することで糖尿病などの生活習慣病のリスクになるのです。ただし、この炎症は強い炎症ではなく、軽い炎症で痛みもなく本人は気づきません。しかしこれが長年続くことでいろんな臓器や血管にダメージが蓄積してしまうのです。猫の肥満研究はここまで進んではいませんが、おそらくマウスや人間と似たような現象が起きているはずです。ぽっちゃりは「かわいい」ではなく、ある意味「病気」だと再認識することが大事なのかもしれません。

また猫自身の要因としては、避妊去勢後はホルモンのバランスが変わることで肥満になりやすいといわれています。特にオス猫のほうが太りやすいことがわかっているので、去勢後のオス猫は特に太らないように注意が必要です。

すでに太ってしまっている猫ちゃんにはダイエットが必要ですが、人間とは異なり猫のダイエットには危険が伴います。というのも、無理なダイエットには先に述べた命に関わる病気「肝リピドーシス」を発症するリスクがあるためです。肝リピドーシスは肥満猫において空腹状態が続くことで体内の脂肪が分解され、肝臓に急激に脂肪が蓄積することで発症する病気です。命にかかわることも多いため、必ず獣医師に相談しながら、無理のないダイエット計画を立てるようにしましょう。

猫はルーズスキンがあるように皮膚がたるんでいることもあり、見た目だけでは正確に肥満かどうか判断できないので、注意が必要です。愛猫が太っているかは、肋骨の凹凸をさわれるかどうかや、上から見てくびれがあるかどうかで判断しましょう。肋骨の凹凸は、人間の手の甲の凹凸をさわったときの感触を参考にするとよいです。判断がつかない場合は、獣医さんに体型を評価してもらいましょう。

口は災いのもと⁉ こまめな歯みがきで歯周病を予防

最近、歯周病は口の中だけの問題ではなく、全身のさまざまな病気の発症に深く関わっていることがわかってきました。人間の場合、脳梗塞や心筋梗塞、糖尿病、早産、関節炎や腎炎などの発症に歯周病が関係しているようです。これは歯周病菌が赤く腫れた歯肉から血管へと進入し、毒素をまき散らしながら全身をめぐるためです。この毒素は免疫細胞と出会うと強い炎症を起こします。このように歯周病は全身に悪影響を与える非常に恐ろしい病気として認識されはじめているのです。

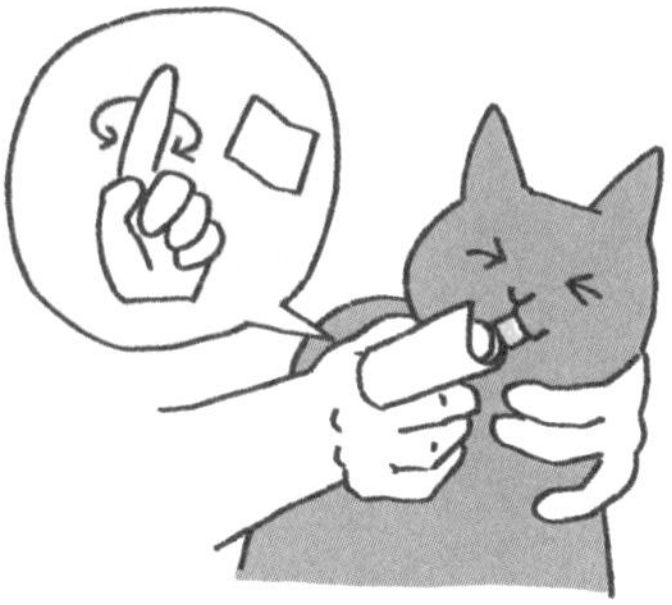

専用の歯みがきシートを指に
巻いて優しくこする

そしてこれは人間に限った話ではありません。歯周病が全身で炎症を起こすことは猫でも同じだと考えられています。人間のように十分な疫学調査はおこなわれていませんが、最近の研究によると、重度の歯周病の猫は慢性腎臓病のリスクが約35倍まで跳ね上がることがわかってきました。ほかの病気との関連はまだ明らかでないものの、おそらく人間と同様にさまざまな病気の発症・増悪に関与しているのでしょう。

　こうした知見を踏まえると、愛猫に長生きしてもらうために日々の歯みがきがどれだけ大切かは明らかです。とはいえ、いままで歯みがきを一度もしたことのない猫ちゃんに今日からすぐに歯磨きをしようというのはなかなか難しいものです。あせらずゆっくり慣らしていきましょう。

　まずは『CIAOちゅ〜る』のようなウェットタイプのおやつを指にとり、それをなめさせながら口まわりや歯をさわるトレーニングです。慣れてきたら、はみがきシートを指に巻き、優しく歯をこするように汚れを取ってあげましょう。

それにも慣れてきたら、いよいよ歯ブラシの出番。にゃんとす家では人間用のものではなく、ヘッドが小さな猫用の歯ブラシを使っていますが、予想以上に使いやすいのでおすすめです。歯みがき中に猫ちゃんが嫌がりはじめたら深追いせずにすぐにやめましょう。無理に続けると「歯みがき＝いやなこと」と認識してしまうかもしれません。あくまでも「あせらずゆっくりと」の心がけが大切です。

歯みがきがどうしても難しい場合は、食後にはみがき用のおやつを与えてみましょう。おやつをなるべく長い時間手に持っておくことで噛む回数を増やすように心がけてください。

もしもすでに歯石がついていたり、歯肉が赤く腫れている場合は歯みがきでなんとかしようとせず、まずはかかりつけの先生に相談しましょう。

強くゴシゴシせずにやさしく
歯ブラシを動かしましょう

飲水量を増やして泌尿器病を予防

飲水量が減少すると尿も濃く少なくなるため、結石ができやすくなったり、膀胱炎を悪化させるおそれが出てきます。こういったおしっこの病気のリスクを下げるためには、十分な量の水分を摂取させ、尿を薄くしてあげる必要があります。具体的には、次の6つの方法が効果的です。

・ウェットフードに変える
・常に新鮮な水を与える
・愛猫が飲みたくなるボウルを選ぶ
・水飲み場の数を増やす
・流れる水飲み場をつくる
・水に味をつける

もともとイエネコの祖先でもあるリビアヤマネコは獲物から水分を摂取していたため、「食事の水分量を増やす」のがもっとも手っ取り早い方法です。ある研究によると、ウェットフードを与えると尿比重が下がり（尿が薄くなり）、尿量が増えることがわかっています。また猫が問題なく食べてくれる場合は、ドライフードに水を入れてふやかして与える方法でもいいでしょう。

常に新鮮な水を与えることも大切です。私たち人間も、ずっと放置されたコッ

プの水を飲むのはちょっと嫌ですよね。少なくとも朝・夕の1日に2回は水を交換してあげるのがいいでしょう。多くの猫ちゃんは冷たい水を嫌うので、水を交換するときは常温のお水、もしくはぬるま湯を入れてあげてください。特に冬は注意が必要です。

水入れの数を増やすことも大切です。多くの人がフードの隣にお水を置いているのではないでしょうか？　猫は本来、食事と水は別々に摂る動物でした。というのも、狩りが成功し、食事にありついた際に必ずしも近くに飲み水があるとは限らなかったのです。なかには水にフードの匂いが移るのを嫌がる猫ちゃんもいます。フードのそば以外にも何カ所か追加で水飲み場を増やしましょう。寝室など人の出入りが少ない静かな場所や猫がリラックスできる場所がおすすめです。逆ににぎやかな場所や猫用トイレの近くは避けましょう。

蛇口などから流れる水が好きな場合は、流れる自動給水器を導入するのもいいかもしれません。とはいっても、実際に流れのある自動給水器が飲水量を増やすかどうかを検討した研究を見てみると、猫の好みによる影響が非常に大きくどの猫でも飲水量を増やすことは難しかったようです。こればかりは試してみるしかありませんが、水飲みのバリエーションを増やすという意味でも導入して悪いことはないでしょう。ただし、掃除をさぼるとカビやぬめりが生じ、不衛生なので注意が必要です。

また、第1章でもお話ししたように、食器台や脚つきのボウルを使って飲みやすい高さにしてあげたり、ちゅ～るを溶いて味つきのスープを作ってあげるのもおすすめですよ。

愛猫の命に関わるSOSサインを見逃さない

愛猫の命に関わるSOSサインを見逃してしまうと、手遅れになります。「飼い主さんがSOSサインに気づくことができれば、命を救うことができたのに……」という事例はとても多いのです。SOSのサインは多数ありますが、なかでも特に飼い主さんに覚えておいていただきたいものを解説します。

おしっこからわかるSOS

まずは、おしっこにまつわるSOSのサインです。特におしっこの通り道である尿道や尿管が結石などによって詰まる「尿道結石」や「尿管結石」は命に関わる場合があります。次のような症状は注意が必要です。

・トイレから出たり入ったりする
・排尿ポーズをとってもあまりおしっこが出ない
・血尿が出ている
・おしっこのときに痛がったり鳴いたりする

このような「おしっこつまったサイン」があるにもかかわらず、そのまま放っておくとおしっこをつくる腎臓がパンパンにふくれあがり、腎臓がうまくはたらかなくなってしまう急性腎不全や、おしっことして排出されるべき〝毒〟が体内にたまってしまう尿毒症といった危険な状態に陥るのです。ここまで進行してしまうと、亡くなってしまうことも珍しくありません。

何度も吐いていたり、ぐったりしている場合は急性腎不全や尿毒症に移行していると考えられます。「おしっこがつまったサイン」に気づいたら、迷わず動物病院を受診しましょう。

また帰宅した際はまずトイレをチェックして、お留守番中におしっこをしてい

おしっこができる仕組みと注意点

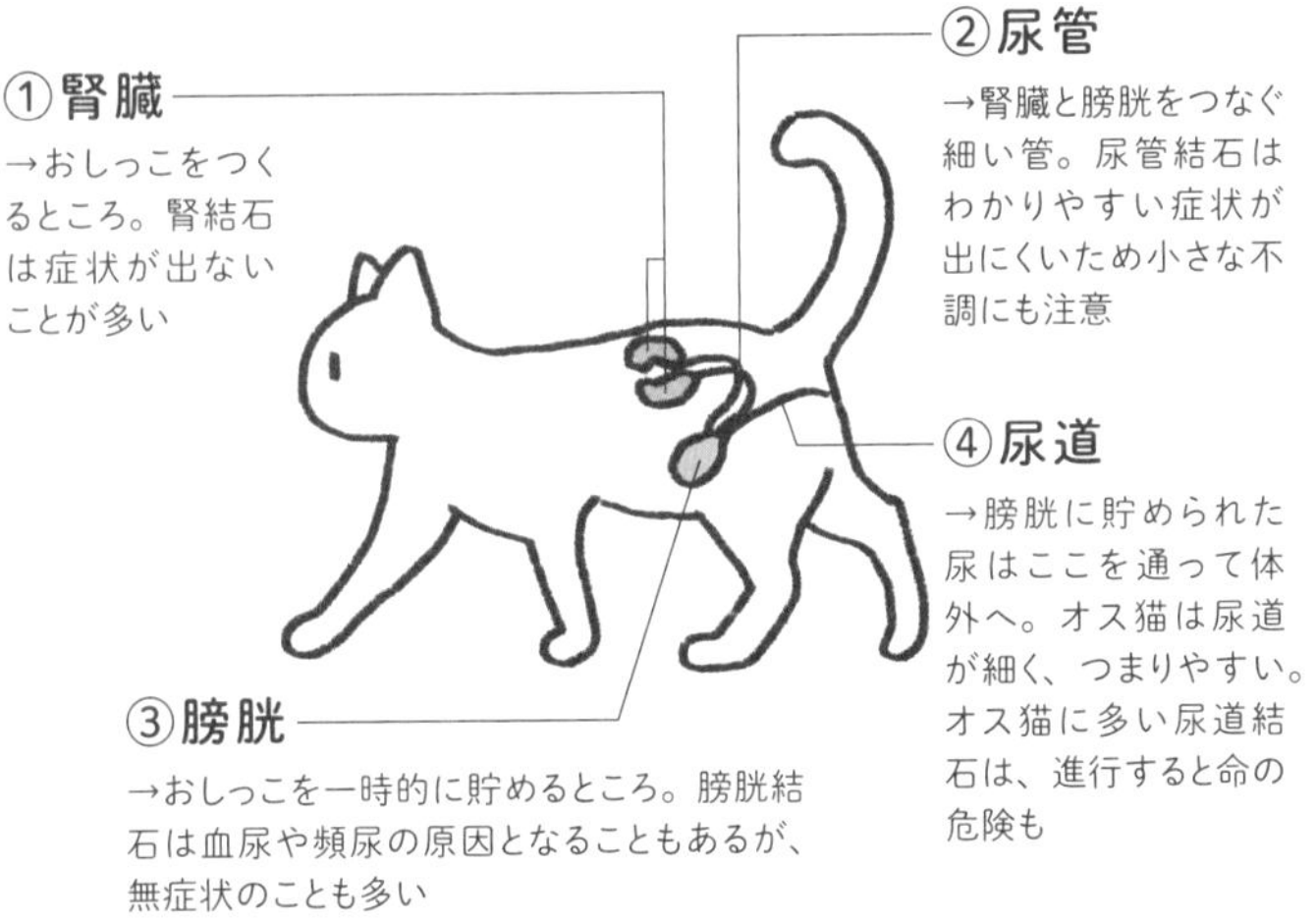
①腎臓
→おしっこをつくるところ。腎結石は症状が出ないことが多い
②尿管
→腎臓と膀胱をつなぐ細い管。尿管結石はわかりやすい症状が出にくいため小さな不調にも注意
③膀胱
→おしっこを一時的に貯めるところ。膀胱結石は血尿や頻尿の原因となることもあるが、無症状のことも多い
④尿道
→膀胱に貯められた尿はここを通って体外へ。オス猫は尿道が細く、つまりやすい。オス猫に多い尿道結石は、進行すると命の危険も

るかどうか、愛猫の様子に変わりがないかを必ずチェックする習慣をつけましょう。特にオス猫は尿道が非常に細いため圧倒的に尿道結石になりやすいので注意が必要です。

　症状がわかりやすく出る尿道結石は飼い主さんも気づきやすいのですが、厄介なのが「尿管結石」です。尿道結石よりも前述したような症状が出にくく、飼い主さんが異変に気づきにくいのです。尿管結石の猫27例を調べた麻布大学の研究では、「おしっこつまったサイン」を伴わない非特異的な症状（あまり元気や食欲がない、ときどき吐くなど）の猫が全体の37％も含まれていたようです。人間の尿管結石はのたうちまわるほどの強い痛みが出る一方で、猫はそこまで痛みが強くないのか、こういった「なんとなく変だな……」

という漠然とした不調にとどまることがあるのです。後悔してからでは遅いので、何か愛猫の異変を感じたら動物病院を受診するようにしてください。

呼吸からわかるSOS

ＳＯＳのサインは呼吸の変化にもあらわれます。呼吸が急に荒くなった場合、心臓病の悪化や、肺や胸に水がたまっている危険な状態の可能性があります。特に安静時にもかかわらず次のような様子が見られた場合は、非常に危険な状態です。迷わず動物病院を受診するようにしましょう。

・口を開けて呼吸をしている
・おすわりやフセの姿勢のまま首を伸ばし頭を上げて呼吸をしている
・鼻をヒクヒクさせて（鼻全体を大きく膨らませて）呼吸している
・胸とおなかが大きく波打つように別々に動く
・からだ全体で呼吸したり、頭を上下に動かしながら呼吸する
・咳が出る（嘔吐とまちがえやすいので注意）
・舌や歯肉の色がピンクではなくむらさき色になっている（チアノーゼ）

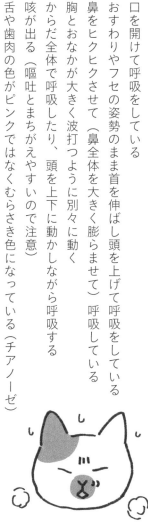

特に鼻をヒクヒクさせる「鼻翼呼吸」や、からだ全体を使って呼吸する「努力性呼吸」は、飼い主さんが見落としがちな危険な症状です。動画サイトなどでも、多くの飼い主さんが「猫のこんな呼吸に注意！」と愛猫の異変をとらえた動画をアップしてくれていますので、「猫　呼吸」や「猫　咳」でぜひ検索してみてください。残念なことに、なかには数日後に亡くなってしまった猫ちゃんもいます。

立てなくなる、鳴き叫ぶ……などもすぐに病院へ

猫の病気の中でいちばん恐ろしいといっても過言ではない病気が「大動脈血栓塞栓症」です。これは肥大型心筋症などの心臓病が原因でできた血栓が股の血管につまってしまう病気で、高い確率で死に至ります。腰が急に立たなくなり、激しい痛みから鳴き叫ぶのがこの病気の特徴です。心臓病の急激な悪化によって肺に水がたまっていることも多く、前述の呼吸が苦しいサインが見られます。また血管がつまっているので、うしろ足の先が冷たくなっていることもあります。

こういった症状が見られたら、大至急動物病院を受診してください。飼い主さんが朝まで様子を見た結果、亡くなってしまう猫ちゃんもいました。この病気は発症してからでは助からない可能性がとても高いため、健康診断で心臓病の早期発見・定期観察・進行に合わせたコントロールがとても大切です。75ページの健康診断の項でもお話ししたように、心臓の超音波検査を受けておきましょう。特に日本で多いアメリカンショートヘアやスコティッシュフォールドなどの純血種の猫ちゃんは肥大型心筋症になりやすいといわれているので、注意が必要です。

こういった症状以外にも、短時間に何度も吐いている場合も非常に危険なサインです。異物によって腸が詰まっているとき、前述のおしっこの病気、中毒など命に関わる状態かもしれません。またけいれん発作のほか、元気や食欲がない、ぐったりしている、よだれが大量に出ているなども一刻を争うケースが考えられます。迷わず動物病院を受診するようにしてください。

いままでに、飼い主さんの「少し様子を見よう」が命取りになってしまった例を数多く見てきました。愛猫の命を守れるかどうかは飼い主さんの判断にかかっているのです。ぜひこれらのSOSサインは頭の片隅に入れておいてください。

イラスト担当 オキエイコの

おしえて！にゃんとす先生 その2

もっと知りたい！ 猫の採尿のこと

おうちでの採尿、どうしたら？

オキエイコ（以下オ） 病院に猫のおしっこを持っていくときって、どうやって採るのがいちばんいいんでしょう？　すのこ式のシステムトイレなら下のトレイにたまったものをとればOKなんですが、砂だけのトイレの場合は難しそうです……。

にゃんとす（以下に） たしかに、おたまですくう方法なども紹介されていますが、猫のおしっこのタイミングに合わせてお尻の下におたまをもぐりこませるのはちょっとハードル高いですよね。

オ そうなんです。それが猫のストレスになっておしっこするのをやめてしまうんじゃないかと心配で……。

に 小さめのコットンを置いて染み込ませるほうがやりやすいかもしれませんね。

オ なるほど、コットンですか。繊維が混ざって

検査に影響したりしませんか？

に 少しぐらいでしたら大丈夫ですよ。あと、スティックの先に小さな吸収体がついた「ウロ・キャッチャー」はとても使いやすいのでおすすめです。おしっこにピンポイントで当てやすいですし、そのまま付属の袋に入れて持っていくだけなのでラクチンです。最近はネットでも買えますよ。

オ それは使いやすそうです！　ちなみに尿検査に使うおしっこって、どれぐらいの量があればいいんでしょうか？

に お弁当についている小さな醤油差しぐらいの量で十分です。

オ そんなにたくさんなくても大丈夫なんですね。おしっこが無事に採れたら、病院に持っていくまではどうやって保管しておけばいいですか？

に 冷蔵庫に入れておけば安心ですね。

オ なるべく新しいもののほうがいいですよね？

に そうですね、長くても、検査の５〜６時間前

ぐらいまでのおしっこが望ましいです。

病院で採ってもらうことも可能

オ　もしもその日までに家で採れなかったらと思うと緊張します（笑）。

に　その場合は病院で対応できるので大丈夫ですよ。おなかから膀胱に直接細い針を刺して取ることができるんです。

オ　それは猫は痛くないんでしょうか？

に　そんなに痛みはないですし、針を刺した箇所もすぐにふさがります。ただ、採尿の間しっかりと保定しておかないといけないのですごく暴れる猫ちゃんだと難しいこともありますが……。

オ　そうなんですね。でも病院で安全に採ってもらえるのであれば安心です。

に　膀胱から直接採尿するいちばんのメリットは、新鮮で外部の細菌が混ざっていないものが採れるので、より正確な検査結果が出せる点です。

オ　健康状態を知るうえでは大事なことですね。

に　そうですね。飼い主さんがおしっこを持参するだけの場合はおうちで採れるといいですが、もし猫ちゃんを連れてくる場合であれば、病院で採尿してもらう方法も選択肢に入れておいてもらえればと思います。

オ　採れたおしっこは、実際にはどのような方法で検査されるんでしょうか？

に　まずおしっこの色やにおいなどを目で確認したあと、検査紙につけて尿の濃さにあたる尿比重やpH、潜血などをチェックします。その後、さらに遠心分離機にかけて尿の状態を詳しく調べます。

オ　何段階にも分けて調べてもらえるんですね。

に　特に腎臓病など、おしっこからわかる病気もあるので、年に最低1回、できれば2回以上尿検査してもらうといいと思います。おしっこは猫の健康を保つ大事なバロメーターですからね。

第3章

環境づくりの心得

家族だからこそ大切な「猫は人間ではない」の意識

猫は大切な家族の一員です。愛猫のことを子どものようにかわいがり、なんでもしてあげたいと多くの飼い主さんが感じているでしょう。だからこそ、再認識していただきたいことは、「猫は人間ではない」ということです。

人間の生活を便利にするために人の手による繁殖を繰り返された犬とは異なり、猫は農場や穀物の貯蔵庫に集まるネズミを求めて、自然と人間の生活に寄りそうようになりました。

そのため、イエネコとその祖先であるヤマネコとのあいだに遺伝子レベルでの大きな違いはなく、ヤマネコと基本的に同じ感覚、同じ習性を残したまま、人間と一緒に生活していると考えられています。一見、猫は私たち飼い主の暮らしに柔軟に対応してくれているように感じますが、人に合わせた生活よりも猫の本来の暮らしに近いほうがより自然体に近いストレスフリーな毎日を過ごせるはずです。動物行動学のジョン・ブラッドショー博士

の言葉を借りるなら「猫は猫であることが得意」なのです。本能が満たされない環境では、猫は大きなストレスを感じ、場合によってはトイレの外で用を足してしまったり、攻撃行動や自傷行動などの異常行動につながることがあります。完全室内飼いをすることで愛猫を感染症やケガから守ることはできますが、ヤマネコとしての本能や習性をよく理解し、さらに猫が猫らしく生活できる環境づくりに努めることが飼い主の大切な役割でもあります。

このように、猫にとって理想の環境を整えることを専門的な言葉で「環境エンリッチメント」といい、米国猫獣医協会（AAFP）と国際猫医学会（ISFM）の定めたガイドラインには、猫の食事や住環境、人やほかの猫との関わり方などについての指針がまとめられています。

この章では、環境エンリッチメントの考え方に基づいて、猫がもっと楽しく幸せに暮らせるための環境づくりについてお話ししていきたいと思います。

「部屋を見渡せる高い場所」は心身の健康に直結

猫の本能を満たすお部屋をつくるうえで「部屋を見渡せる高い場所」があるこ

とは非常に大切です。というのも、猫はテリトリーをつくる動物で、完全室内飼いの猫ちゃんにとっては、お部屋全体がテリトリーになります。そのため、猫の心理としてはそのテリトリーの中で異常がないかを常にチェックしておきたいと感じるようです。うちのにゃんちゃんも壁に備えつけの本棚の上から、得意げに見下ろしてきます。小さな虫も捕まえられないし、ちょっとした物音にもびっくりするくせに異常を見つけてどうするんだ……と思わなくもないですが、実はこの「見晴らし台」がやはり猫にとってはとても大切だということが最近の研究でわかってきたのです。

猫のおしっこの病気で最も一般的な「特発性膀胱炎」という疾患があります。「特発性」というのは「原因不明の」という意味ですが、主な原因はストレスなのでないかとの指摘があります。この特発性膀胱炎を発症した猫58頭が飼育されていたそれぞれの屋内環境を調べた研究では「高い場所がない部屋」で飼われていた猫のほうが、「高い場所がある部屋」で飼われていた猫に比べて特発性膀胱炎と診断される確率が4・6倍高かったそうです。つまり、部屋を見渡せる高い場所がないと猫がストレスを感じ、場合によっては病気になってしまう可能性があるのです。

また猫にとって見晴らし台は「安心できる場所」でもあります。約６０００万年前までさかのぼって考えてみると、森に住んでいた猫の祖先は木に登ることで、より大きな動物から身を守ってきたでしょうし、木の葉や枝で自分のからだを隠すこともできたでしょう。そのため、現代の猫にとっても高い場所は本能的に安心できてリラックスできる場所なのかもしれません。思い返すとうちのにゃんちゃんも日中は本棚の上で寝ていることが多い気がします。

お部屋に高い場所がない場合は、キャットタワーやキャットステップを用意して高さのあるスペースを確保してあげましょう。スペースが足りないといった住宅事情でこれらの設置が難しい場合は、本棚やソファ、タンスなど高さの異なる家具を並べるだけでも十分です。家具は奥行きが30センチ以上のものであれば落下の心配も少なく、猫も安心して過ごせるでしょう。

こうした家具やキャットタワーは窓際に置くとベストです。窓際は日光浴をしたり、木の揺らぎや鳥などを眺めたり、猫の感覚にさまざまな刺激を与える大切な場所です。ここにお気に入りのブランケットや猫用ベッドを置いておきましょう。自分のにおいがついたものは動物病院への入院時などにも持参すると、猫ちゃんも少し安心できるのでおすすめです。

「隠れ家」があるだけで猫の安心度がアップ

部屋を見渡せる高い場所と同じくらい猫にとって重要なのが、「隠れ家」です。最近の研究により「隠れ家があると猫のストレス軽減につながる」ということがわかってきました。動物病院に入院した猫にダンボール箱の隠れ家を与えると、多くの時間をその隠れ家の中で過ごし、心拍や呼吸が落ち着き、ストレススコアが有意に低下したそうです。つまり、動物病院という環境の変化に対してダンボール箱の中のほうがよりリラックスでき、ストレスを軽減できたということになります。

また動物病院だけでなく、シェルター施設でも隠れ家の効果が科学的に証明されています。ある研究では、箱を与えられた猫のほうが与えなかった猫に比べてシェルターの環境に適応するのが早かったということがわかりました。こういった研究結果は、「隠れ家」が猫にとってストレスや環境の変化に適応するのに非常に有効であることを示しています。

猫の祖先はかつて、主に樹洞《じゅどう》や岩穴で休んでいたと考えられています。外敵に襲われることのない空間は、高いところと同様に猫にとって安全で安心できる場所だったのでしょう。現代の猫ちゃんがダンボール箱が大好きなのもそのなごりがいまに受け継がれているためではないかと考えられます。

お部屋の中に隠れ家を置くことで、地震や雷・台風などの突然の大きな物音に驚いたときに身を隠し、安心できる場所にもなります。また猫にとって馴染みのない来客や引越しによる環境の変化に対しても、隠れ家は効果を発揮するでしょう。

にゃんちゃんもお気に入りのダンボール製猫ちぐら

ちなみにおすすめの隠れ家はかまくら型の寝床「猫ちぐら」です。うちのにゃんちゃんはダンボール製の猫ちぐらが大のお気に入りで、姿が見えないなと思ったら、よく中に入ってくつろいでいます。上に乗って爪とぎとしてもよく使っています。もちろん、ソファやベッドの下など家具を利用するのもいいでしょう。

爪とぎの欲求は存分に満たしてあげよう

獣医の世界では「猫は小さな犬ではない」という有名な言葉がありますが、「爪をとぐ」のも犬にはない猫特有の行動です。

猫が爪をとぐいちばんの理由は、もともとは狩りやケンカのための武器としてピンピンにとがらせておくためでした。猫の飼い主さんにあらためてお話しするまでもないかもしれませんが、猫の爪は私たち人間の爪とは構造がまったくちがいます。猫の爪はたまねぎのように複数の層が重なった構造をしています。爪とぎによって外側の古い爪のさやをペリペリと剝がし、内側から新しい爪を露出させることで、常に鋭い爪を維持することができるというわけです。現代の猫には狩りやケンカの必要はなくなったものの「常に爪をきれいに整えておきたい」という欲求だけは変わらず残っているのでしょう。

爪とぎにはもうひとつ「ほかの猫とコミュニケーションをとる」という役割もあります。猫はテリトリーを大切にする動物ですから、爪とぎは「ここは俺のテリトリーだぞ」というマーキングのような役割を果たしていたと考えられています。猫の肉球には臭腺があり、この臭腺から分泌されるにおいをこすりつけることで、ほかの猫にメッセージを残していたようです。もちろん爪とぎによってできた傷は視覚的な目印にもなっていたでしょう。現代の猫にとってはお部屋全体がテリトリーなので、そこに「においをつけたい」「マーキングしたい」と感じているのかもしれません。

爪とぎは猫の心理を表すこともあるようです。たとえば、うちのにゃんちゃんはイタズラをしているところを見つかると、「ヤバイッ」という感じでピューっと走っていって急に爪をとぎはじめます。これはおそらく「転位行動」の一種で、動物が戦うか逃げるかの二者択一を迫られるような葛藤状況に置かれたときに、なんの脈絡もなくまったく別の行動をとることを指します。人間が困ったときに頭をかいたり、窮地に立たされてやけ食いをしたりするのと同じような意味合いがあるのかもしれません。ほかにも「一緒に遊ぼうぜ～」と飼い主を誘う際にも爪をとぐことがあります。

このように猫にとって爪とぎは、本能や感情表現に関わるとても大事な行動で、爪とぎができないということは非常にストレスなのです。実際に抜爪《ばっそう》手術によって爪を除去（非人道的な手術であるため、もちろん実施すべきではありません）

された猫ちゃんは、噛みつき行動や過度なグルーミングなどの問題行動が増加することがわかっています。猫が日々幸せに暮らすためには、お部屋にお気に入りの爪とぎを置き、思う存分爪をとがせてあげることは不可欠といえます。

子猫はS字、オスの成猫はポール状が好み？

では猫にとって「理想の爪とぎ」とはどんな爪とぎなのでしょうか？

「猫はどんな爪とぎを好むのか？」というテーマを科学的に追究した、アメリカの研究チームの研究を紹介しましょう。まず彼らは生後2カ月未満の子猫40頭を対象に、さまざまな素材・形の10種類以上の爪とぎを与え、どの爪とぎを好んで使用するかを観察しました。彼らがまず子猫を選んだ理由は、成猫に比べ好奇心旺盛で、育ってきた環境による影響なしに猫本来の爪とぎの好みを評価しやすいのではないかと考えたようです。その結果、多くの猫が「S字型にくねったダンボール製の爪とぎ」を最も好むことがわかりました。

次に彼らは、この結果が成猫にも当てはまるかどうか検討しました。続く実験では子猫が最も好んだS字のダンボール製の爪とぎと、直立したポール状のダンボール製の爪とぎを比較。意外なことに、もっとも多くの成猫が選んだのは、S字型のダンボール製の爪とぎではなく「ポール状のダンボール製の爪とぎ」でした。しかもこの傾向が認められたのはオスだけで、メス猫には観察されませんでした。自然界ではオス猫はより広いテリトリーを持っており、ほかの猫のテリトリーと重なり合うことが多くあったようです。そのため、少しでも高い場所で爪とぎをすることで、からだの大きさなど自分がより優位に立ための情報を周囲に伝える必要があったのでしょう。対して、生後2カ月未満の子猫はマーキングとしての爪とぎ行動が完全には発達していないことや、バランス感覚や筋力が未発達であることから、単純にS字型の爪とぎの快適さに興味を持ったのではないかと研究グループは考察しています。あわせて、ダンボ

成猫はポール状、子猫はＳ字型の爪とぎを好む傾向に。

ール製・麻製・布製・カーペット製のどの素材を好むかを調べたところ、成猫は布製やカーペット製よりもダンボール製や麻製を好むことがわかりました。

以上の結果を考慮すると、子猫の場合はS字型のダンボール製、成猫（特にオス猫）は直立したポール状のダンボール製または麻製の爪とぎを選ぶとよさそうですね。ただし、成猫の場合、これまで育ってきた環境によってはこの研究のとおりではないかもしれません。また今回の研究ではシニアの猫ちゃんについては検討していませんが、多くの猫ちゃんが関節炎を患うことを考えると、シニアの猫ちゃんはより関節の負担が少ないS字型の爪とぎを好む可能性もあります。個々の猫の好みを尊重し、お気に入りを見つけてあげることで、猫ちゃんはもっと快適に暮らせるはずです。

困った爪とぎは便利グッズやごほうびで対策を

さて、猫にとって爪をとぐことがどんなに大切だとはいえ、大事な家具や壁で爪をとがれてしまっては困ります。しかし、猫をしつけるのはとても難しいもの。特に叱ってしつけるのは絶対にNGです。不適切な爪とぎに効果的な、次の3つの対策ポイントを押さえておきましょう。

・家具や壁に爪とぎ対策を講じる
・猫にとってお気に入りの爪とぎを見つける
・適切な場所で爪とぎをしたら〝ごほうび〟を与える

まずは爪をといでほしくない家具や壁に爪とぎ対策をしましょう。いちばん効果的な対策は「両面テープ」です。猫はとてもきれい好きなので、あのベタベタとした感触が大嫌いです。自然と爪をとぐ回数が減っていくはずです。あわせてマーキングの痕跡であるにおいをぬるま湯で拭き取ってあげるといいでしょう。そして家具や壁に対策を講じたら、必ず代わりとなるお気に入りの爪とぎを用意してください。先に述べたS字型のダンボール製かポール状のダンボール製、もしくは麻製の爪とぎがいいかもしれません。あまりお気に召さない場合は、好んで爪とぎをしたがっていた家具の素材や猫の姿勢がその猫ちゃんにとっての理想の爪とぎだと考えれ

ば、自然とどんなタイプがいいか想像しやすいかもしれません。たとえば布製のソファの座面で爪とぎをしていたのであれば、布製の平面の爪とぎを与えてみる、といったイメージです。いろんな素材や形のものをいくつか試し、その子のお気に入りを見つけてあげましょう。また、先のアメリカの研究チームによると、またたびの使用により爪とぎの使用時間および回数が増加することも明らかになりました。またたびは爪とぎと一緒に同封されていることが多いので、試しに使ってみると一定の効果があるかもしれません。

正しい場所で爪をとげた場合は、なるべく早いタイミングで褒めてあげてください。優しく声をかけながらなでてあげたり、おやつをあげたりと、愛猫が喜ぶごほうびを与えましょう。別の研究チームが実施したアンケート調査結果によると、「望ましい場所で爪をとぎますか?」という質問に対して「はい」と回答した人の割合は、ごほうびを与えていない飼い主で67・7%、ごほうびを与えている飼い主では80・4%だったそうです。爪とぎに悩まされている場合はごほうびで褒めることをぜひ実践してみてください。

トイレ環境の悪さは尿路疾患のリスクも

ストレスのない生活を送るためには快適な猫トイレを用意することも欠かせません。猫はトイレに不満があると、別の場所で粗相をしたり、トイレを我慢したりするようになります。すると尿石症や特発性膀胱炎のような下部尿路疾患のリスクが上がりますし、何より猫がかわいそうです。ところが、実は愛猫がトイレを気に入っていないことに気づいていない飼い主さんが多いのが実状です。

おうちの猫ちゃんは次のような仕草をしていませんか？　思いあたるふしがあれば、それはトイレに何らかの不満があるサインかもしれません。

- トイレの縁に足をかけ、肉球に砂が触れないようにしている
- トイレ以外の壁や床をかく
- 空中を前足でかく
- なかなか排泄しない（ポーズが決められない、出たり入ったりする、など）
- 排泄後、砂をかかずにトイレから飛び出す

・トイレの回数が少なく（通常は1日2～4回）、1回の排尿時間が40秒～50秒程度と長い（通常は20秒）

　では、猫にとって本当に快適なトイレはどう選んだらよいのでしょうか？

幅50センチ以上の大きなトイレを

　まず第一は「とにかく大きいトイレ」を選ぶことです。

　過去の複数の研究によると、猫は少なくとも横幅50センチ以上の広くて大きいトイレを好むことがわかってきました。しかし、飼い主さんのなかでこの条件を満たしている方は意外と少ないのではないでしょうか。というのも、市販されているトイレに小さめなものが多いからです。それでも大きめサイズに絞って探すといくつか見つかるの

「トイレに不満あり」のサインかも？

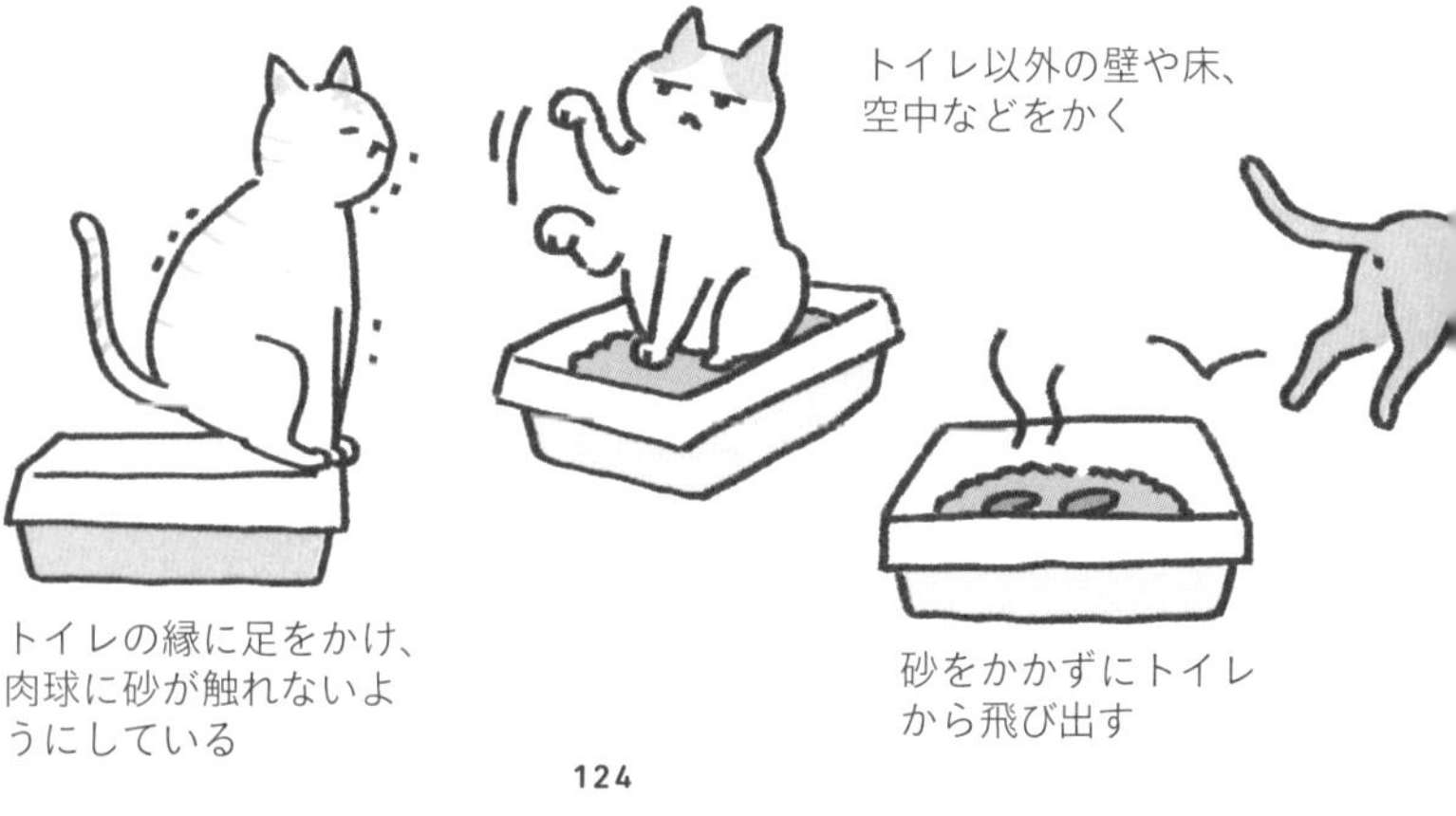
トイレ以外の壁や床、空中などをかく
トイレの縁に足をかけ、肉球に砂が触れないようにしている
砂をかかずにトイレから飛び出す

で、ぜひ探してみてください。幅が60センチあり、1000円台で購入できる『リッチェル コロル ネコトイレ F60』（にゃんとす家はこれ）や、さらに大きな『メガトレー』などはおすすめのトイレです。また猫用品にこだわらず、衣装ケースを使うのもおすすめです。

ちなみにカバーに関しては、大きな差はないものの「ついているほうが猫が好む傾向にあるのでは」というデータもあります。トイレは無防備な時間であるため、隠れて用を足せるほうが安心なのかもしれません。ただこれは猫によって好みが分かれますので、試してみてから継続使用するかどうかを決めるようにしましょう。カバーがあるとトイレの中が見えにくくなるので、お掃除を忘れないようにしましょう。

猫がもっとも好む猫砂は鉱物系

そしてトイレにおけるもうひとつの重要なポイントは猫砂です。これまで、猫がどんな砂を好むのかの研究もいくつかおこなわれてきました。その結果、次のような特徴の砂が多く好まれることがわかりました。

・粒が小さく、自然の砂に近い
・がっちり固まる
・重量があってかきごこちがよい

この条件を満たすのが「鉱物系」の砂です。鉱物系の砂は猫にとってはとても快適なようで、「ほかのタイプの砂から切り替えたら粗相がなくなった」といった飼い主さんの声も聞きます。また、砂はトイレの底がすぐに見えてしまわないよう、少なくとも5センチぐらいの深さ（「人差し指の第2関節まで」を目安にすると便利です）まではしっかりと入れておくことが大切です。

ただ、なかには鉱物系の砂の使用を躊躇してしまう方もいらっしゃるかもしれません。もう少し解説を続けましょう。

まず鉱物系の砂が敬遠される大きな理由のひとつに「ベントナイトが危険なのでは？」という心配があると思います。ベントナイトとは鉱物系の砂の主成分で、猫砂がおしっこで固まるのはこのベントナイトのおかげです。このベントナイトの砂ぼこりを猫が吸っているのでは、との不安の声はネット上でも多く目にします。しかし結論からいいますと、いまのところベントナイトを含む鉱物系の砂の使用と特定の病気の発症との関連は報告されていません。ベントナイト中毒の猫1例の症例報告は存在しますが、これは異物を食べてしまう異嗜《いし》の猫ちゃんが鉱物系の砂を大量に食べてしまったというレアケースです。ただ、鉱物系に限らず猫砂の砂ぼこりはなるべく吸わないに越したことはありません。にゃんとす家でも使っている鉱物系のダストカットされた『プレシャスキャット ドクターエルスレイ』（2021年2月現在、国内流通なし）や『ライオン ニオイをとる砂』はほこりがとても少なく、しっかり固まり消臭効果も高いです。

また鉱物系の砂は「トイレに流せない」というデメリットがあり、ゴミ出しの日までにおいが気になるという方もいらっしゃるかもしれません。うちでは防臭袋『うんちが臭わない袋』に入れ、トイレの横に置いた専用のダストボックスに入れ

てゴミの日にまとめて出すというスタイルを続けています（ゴミの分別は各自治体のルールに従ってください）。この袋はBOSという防臭力の非常に高い素材が使用されているため、出したてホヤホヤのにゃんちゃんのうんちもこれに入れて口を閉じてしまえばにおわないので、とても重宝しています。

粒が大きい、固まりにくい、軽い……避けたい砂の特徴

鉱物系以外の砂についてはどうでしょうか。

まず、紙や木、おからなどの猫砂は鉱物系に比べて粒が大きいものが多く、肉球にあたる感触を嫌がることがあります。また、固まりづらい砂はスコップですくうとポロポロと崩れてしまうこともあります。回収しきれずトイレに残ってしまった砂のにおいや汚れを気にする猫は意外と多いものです。まったく固まらないシリカゲルタイプは、過去の研究でも猫からの人気がないことがわかっています。

猫にとっては砂のかきごこちも重要です。猫は自然の砂に近く、ある程度の重量感がある砂のほうが好きなようです。公園の砂場で猫が用を足してしまうのも、広いうえに自然の砂がたっぷりあるからでしょう。紙やおからの猫砂はどうして

も軽量なため、かきごこちにもの足りなさを感じるのではないでしょうか。

ただし、猫砂を食べてしまう猫ちゃんは前述のとおり健康を害してしまう可能性があるため、鉱物系ではなくおから系など別のタイプの砂を選びましょう。またまれではありますが、砂が原因と思われるアレルギー症状（咳など）が猫ちゃんに出た場合は、使用を中止してかかりつけ医に診てもらってください。

ちなみに、最近は香りつきの猫砂も増えてきましたが、報告によっては香りつきの猫砂を嫌うというデータもあるので、個人的には無香料のものを選んだほうがよいのではないかと思います。

システムトイレでもなるべく粒の小さい砂を

使っているおうちも多いシステムトイレについてもお話ししておきましょう。

システムトイレはお手入れが少なくてすむことや、においが気にならないことから飼い主さんからはとても便利だと高評価なのですが、実は猫からの評価は非常に低いようです。ライオン商事の実験によると5種類（鉱物、木、紙、おから、システムトイレ用のウッドチップ）の猫砂のうち、システムトイレ用のウッドチップが最も人気がなかったそうです（使用回数は鉱物系19回、木系11回、紙系5

回、おから4回、ウッドチップ2回)。実際にトイレを失敗してしまう猫ちゃんはシステムトイレを置いているおうちが多いように思います。

なぜ猫がシステムトイレを好まないかというと「システムトイレ用の砂の粒が大きいから」ではないかと考えています。先にお話ししたように、さまざまな研究において「猫が最も好む猫砂は粒が小さく自然の砂に近いもの」と結論づけられています。しかし、システムトイレ用の砂はその真逆なのです。自然の砂からは程遠く、おそらく肉球で触れる感触やかきごこちが猫にとっては違和感があるのでしょう。もしもシステムトイレを使っていて、トイレを失敗したり、トイレを気に入らないサインが見られる場合は、まずはトイレを鉱物系+大きなトイレに変えてみてください。実際にシステムトイレから鉱物系の猫砂トイレに変えることで「トイレの失敗がまったくなくなった!」とか「気持ちよさそうにトイレをするようになった」というお声をたくさんいただいているので、効果がある対策だといえます。

　とはいえ、システムトイレには飼い主の手間が減るというメリットに加えて、尿の色を観察しやすいことや尿の採取がかんたんにできるという大きなメリットがあります。また長年システムトイレのみを使っている猫ちゃんの場合はそちらのほうを好む場合もあるかと思います。システムトイレを使い続ける場合も、粒の小さめな猫砂を選んであげるとよいかもしれません。またシステムトイレを使っているおうちでは、猫砂の量が少ないことが多いように思います。すのこ部分が見えているようでは砂の量が少なすぎます。多めに猫砂を入れることを意識して、より猫の理想のトイレに近づけてあげてください。

狩猟本能をくすぐれば猫は大喜び

　猫は狩りをする動物だとこれまでもお話ししてきました。そのため、狩りを模した遊びを毎日の生活に取り入れることも、猫がもっと幸せに暮らすためには必要不可欠なことです。

　猫にとって狩りという行動は、もともとは食事の一環でした。そのため、遊びのなかに食事を取り入れることで、より本来の捕食行動に近づけることができます。

　たとえば、部屋の中でドライフードを投げ、猫がそれを追いかけて食べるという遊びはシンプルですが、とても自然に近い遊びのひとつです。またトイレットペーパーの芯をピラミッド状に重ねて、筒の中におやつやドライフードを入れると、猫は前足を使ってうまく取り出して食べるでしょう。こういった「頭を使った遊び」も、猫の狩猟本能を満たすことができるとして推奨されています。市販のパズルフィーダーやトリートボールを取り入れるのもいいでしょう。遊びのなかでのちょこちょこ食いは、小動物を1日かけて10数匹食べていた猫の本来の食生活にも近づけることができるので、ぜひ試してみてください。

トイレットペーパーの芯を重ねたものにドライフードを入れて遊ばせてもOK

　また、猫じゃらしや釣竿タイプのおもちゃを使った遊びもおすすめです。おもちゃを動かすときは、実際に猫が捕まえていた小動物の動きをイメージしてみましょう。たとえばネズミのように地面を素早くジグザグに動かしてみたり、小鳥をイメージしたものを空中でひらひら動かしたりするのもよい反応をしてくれま

転がすたびに小さな穴からドライフードが出てくるトリートボール

す。そして、狩りが失敗ばかりでは楽しくないでしょうから、必ず何回かに一回はおもちゃを捕まえさせてあげることを意識してください。適度に狩りを成功させてあげることも猫と上手に遊ぶコツです。

本来猫は物陰に隠れるように待ち伏せして、一気に襲いかかるという狩猟スタイルでした。このシチュエーションをお部屋の壁や家具をうまく使って再現してあげましょう。おもちゃが見え隠れするように動かしてあげると、夢中になってお尻をふりふりしながら飛びかかってくれるはずです。ポリエステル製のトンネルのおもちゃを組み合わせて取り入れてあげるのもおすすめです。

うちのにゃんちゃんもこのトンネルが大好きで、トンネルに隠れているところを猫じゃらしで誘ってあげると、買ってしまったことを後悔するくらい大暴れします……(笑)。カサカサする質感も猫ちゃんにとっては魅力的なのかもしれません。

猫と遊び終わったあとは、おもちゃを必ず猫の手

パズルフィーダーもおすすめ

の届かない場所に片付けましょう。また、おもちゃを購入するときは、誤食の危険がないかどうかを注意して選ぶと安心して遊ぶことができます。

熱中症ややけどに注意し空調管理をしっかりと！

猫にとって快適な環境を整えるうえでは、空調管理も大切です。特に夏場の室内飼いは、人間と同様に熱中症に注意しなくてはなりません。エアコンの設定温度は25～28度、湿度は50％くらいが最適だといわれています。最高温度を下げてあげるイメージで、常に一定の室温にしてあげるといいでしょう。

「扇風機で風を当てれば大丈夫でしょ！』とエアコンを使おうとしない飼い主さんもいらっしゃるようですが、実は猫にとって扇風機はほぼ無意味です。というのも、猫は肉球にしか汗をかかないので、扇風機からの風をからだに当てても涼しさを感じにくいのです。

また長毛の猫ちゃんの毛を刈るサマーカットを最近よく目にしますが、私は反対派です。猫は1日の多くの時間をグルーミングに費やすので、毛を刈ってしまうとどうしても違和感やストレスを覚える可能性があります。「絶対にやっては

ダメ！」という確たる理由はありませんが、個人的には毛のカットはせずに部屋の温度を一定に保ってあげるだけで十分だと思います。

快適だと感じる室温は猫ちゃんごとに異なります。なかにはエアコンの風が苦手な猫ちゃんもいるはずです。愛猫の様子をよく観察しながら、その子にとっての快適な温度や湿度を探してあげましょう。猫は自分が心地よいと感じる空間に足を運ぶので、エアコンの効いた部屋を用意したうえで、お風呂場やほかの部屋へ移動できるようにしておくのもおすすめです。お留守番中ケージにいれておく場合には、エアコンの風が直接当たらないように注意しましょう。ひんやりシートや、ひんやりベッドを用意してあげるのもいいでしょう。

一方、冬場も室温には注意が必要です。気温が下がると猫ちゃんのおしっこの病気が増えるといわれています。これは寒いとトイレに行くのが億劫になり、トイレを我慢してしまうからです。人間と同じですよね。トイレを我慢することがないように猫のトイレは暖かい部屋に置いてあげるようにしてください。

また、冬になると石油ストーブで暖をとる猫ちゃんは多いと思いますが、やけどには十分注意しましょう。やけどの厄介なところは、時間がたってからダメージが現れることです。特に猫ちゃんは毛が生えていて皮膚の状態がぱっと見ただけではわかりません。数日たって皮膚がただれてきた……なんていうことも少なくありません。ストーブの上にのって肉球をやけどしてしまったというケースもあります。なるべくエアコンを使用することをおすすめしますが、石油ストーブを使う場合は柵などで囲って猫が近寄れないように対策しておきましょう。こたつやホットカーペットでも低温やけどをしてしまうことがあるので、なるべく温度は低めに設定したり、つけっぱなしにしたりしないように心がけましょう。

よーく考えよう、多頭飼育

猫を飼っていると、意外にも寂しがり屋で甘えん坊だなと感じることが多いのではないでしょうか。そんな猫ちゃんを「ひとりでお留守番させるのはかわいそう」「友達を増やしてあげたほうがいいのでは」と考えるのはごく自然のことだと思います。実際にある研究によると、分離不安症の猫ちゃんは単頭飼育の子が多かったというデータもあります。しかし、１匹飼うのと2匹以上飼うのでは、単純に手間や費用が2倍になるというだけではなく、多頭飼育のデメリットもよく理解しておく必要があります。

トイレや食事の管理の難しさ

特にいちばん大変になるのがトイレや食事の管理です。どの子がどれくらい食べて、どのくらいの量の水を飲んでいるのか。おしっこやうんち、嘔吐や下痢はどの子のものなのか。判断の難しい場面は意外と多いものです。

食事量の管理がおろそかになれば、肥満や栄養不足につながりますし、食欲が落ちてきたというような病気の初期症状に気づかないかもしれません。また、おしっこが出ていないことを見逃してしまうと、命に関わることにもなりかねません。愛猫に長生きしてもらうためには個々の健康管理が大事ですが、頭数が増えれば増えるほど複雑になり難しくなるのです。

よかれと思って新しく家族を迎え入れたことが、先住猫のストレスになることも多々あります。猫はテリトリーを大事にする動物なので、突然家族が増えることが猫にとってストレスになることはごく当然のことといえます。実際に特発性膀胱炎や猫伝染性腹膜炎（FIP）など、さまざまな病気の発症リスクを高めてしまう危険因子として「多頭飼育」が含まれています。多頭飼育を否定するわけではありませんが、安易に頭数を増やすことは先住猫の負担になってしまうことが往々にしてあるということを覚えておいてください。

また、緊急時の心配も尽きません。近年は未曽有の災害が起こっていますが、多くの避難所ではキャットフードや飲み水、トイレ砂、ケージなどが用意されていません。そのため、猫の防災グッズの多くは飼い主自らが用意しなければならないのです。頭数が増えれば増えるほど、荷物も増えていきます。

どうしても1頭飼いの猫ちゃんがお留守番中に寂しがるようなら、まずはひとり遊びができるおもちゃを与えてみてください。実際にある研究によると「分離不安症」の猫ちゃんはおもちゃを与えられていなかった子が多かったそうです。トリートボールやパズルフィーダー、ポリエステル製のトンネルや「けりぐるみ」など、いろいろ試してみて愛猫のお気に入りのおもちゃを見つけるといいでしょう。

多頭飼育はパーソナルスペースの確保を

すでに猫ちゃんを2匹以上飼っているおうちでは、猫ちゃんどうしの相性がいいかどうか、仲間はずれになっている猫ちゃんがいないかをよく観察しましょう。

猫ちゃんの仲良しサインを紹介します。

・しっぽを絡め合う
・お互い鼻をチョンっと当ててあいさつする
・頭や頬をすりすりしあう（フェロモンの分泌腺がある部位でにおいづけの意味合いがある）
・お互いグルーミングしあう（一方的な場合は上下関係が存在する可能性も）
・一緒に寝たり、くっついてリラックスする逆に仲が悪いときは次のような敵対行動が見られます。

・猫パンチしたり、噛みついたりする
・マウンティング（背中の上に乗る）
・猫どうしじっと見つめ合いながら、一方が詰め寄る
・耳が横向き（イカ耳）になり、しっぽが下がっている

注意しなくてはいけないのは「一見仲がよさそうに見えても実はお互い気を遣っている」ことがあるという点です。「目に見えるケンカがない＝仲がいい」とは限りません。一緒に食事や睡眠をとっていても、食事場所やお気に入りの寝床が頭数分なければ、それを仕方なくシェアせざるをえない場合があります（もちろん先に述べたとおり、単に仲良しの場合も多いです）。嫌いな人とルームシェア、ましてや一緒の寝床で寝るなんて想像したくもありませんが、猫にとってもそれは同じ。特に一緒の場所で寝ているのに少し離れているときは要注意です。相性の合わない猫との生活によって、飼い主さんが気づかない間にストレスをため込んでしまっているかもしれません。

こうしたストレスを避けるためには、それぞれの猫ちゃんのパーソナルスペースを確保してあげる必要があります。理想をいえば、別々の部屋にそれぞれ猫ちゃん用の食器・トイレ・休息場所を作ってあげるべきです。こうすることで、ほかの猫の視線を避けることができ、いじめやストレスを最小限に抑えることができます。

とはいえ、いくら猫のためだからといってお部屋をいくつも用意することはかんたんにはできないですよね。そんなときは、棚やキャットタワーを使って「タテの空間」をうまく活用し、それぞれの猫ちゃんに「自分だけの空間」をつくってあげることを意識しましょう。実際にお部屋の真ん中に仕切りのある棚を置くことで、猫どうしのケンカ（敵対行動）を減らすことができたという報告もあります。キャットタワーを選ぶときは、棚のように仕切り板のあるものや隠れ家スペースが多く設置してあるものを選ぶと、ストレス対策に効果的かもしれません。

また、すべての猫を別々の部屋に分けることができなくても、仲のいいグループごとに分けてあげるだけでも十

分に効果的です。特に血縁関係のある猫どうしは親密な関係であることが多いので、必ずしも別々の部屋に分ける必要はありません。

また、多頭飼育のおうちでは食事管理に苦労されている飼い主さんも多いのではないでしょうか。特に子猫・成猫・シニア猫用のフードを別々に与えたいときや、特定の猫ちゃんにだけ療法食を与えたい場合は大変です。食事を与えるときはなるべく猫ちゃんどうしを離したり、ケージや別部屋で与えるようにするといいでしょう。食べ終わるまで監視しておき、食べ残しはほかの猫が口をつける前に撤去してしまいましょう。どうしても難しい場合は、ダンボールでイラストのようなガードをつくってあげるのもおすすめです。

さらにトイレの管理はもっと困難です。よく観察するくらいしかよい対応策はないかもしれません。首輪や顔認証によって猫の個体識別が可能な「スマート猫トイレ」は、それぞれの猫ちゃんのおしっこの量やトイレの回数、体重などが効率よくモニターできると話題ですが、これらはすべてシステムトイレ。コンセプトはとてもよいのですが、猫にとってのベストなトイ

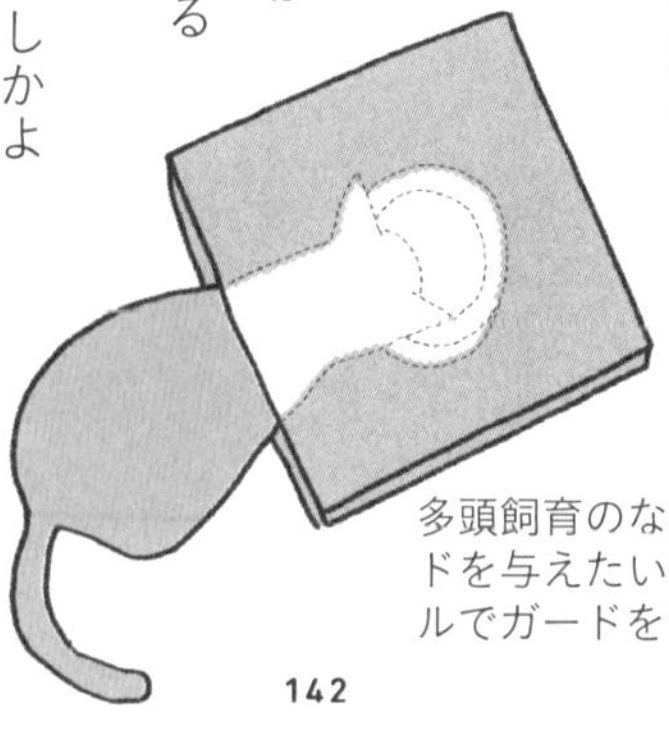

多頭飼育のなかで別々のフードを与えたいときはダンボールでガードをつくってみて

レを使えないなかでの〝健康管理〟になってしまっては、本末転倒なのではないかと思います。人間の自己満足ではなく、本当の意味で〝猫のための〟トイレへの進化を期待しています。

猫との避難、いますぐできますか？

最近、異常気象や地震が本当に多いですよね。いつどこで災害に巻き込まれてもおかしくありません。そうなったとき「愛猫を守ってあげられるだろうか？」と不安になりつつも、具体的な対策はあとまわしになっていませんか？　いざというときにペットたちを守ってあげられるのは、飼い主さんの日頃の備えのみです。愛猫と一緒に避難する際の正しい知識と揃えておくべき防災グッズをご紹介しますので、この機会に準備しておきましょう。

さて、そもそも私たちは愛猫と一緒に避難することができるのでしょうか？　ペットと避難所へ行く際には、大きく分けて2通りあります。

1、同行避難…ペットと一緒に避難所に行くこと
2、同伴避難…避難所でペットと同室で過ごすこと

「ペットと避難する」と聞くと、2の同伴避難をイメージする人が多いのではないでしょうか？　しかし、いくつかの自治体に直接電話で確認してみたところ、ペットと一緒に避難所には行ける「同行避難」は可能だが、ペットと同じ空間で過ごす「同伴避難」はできない場合がほとんど、というのが現状のようです。

実際に2016年に起きた熊本地震では、避難したペットのうち屋内へ避難できたのはたった3割。残りの7割が屋外または車中泊だったようです。真夏や真冬の場合は、屋外で過ごすことを余儀なくされるペットたちの健康も心配です。

このような現状を考えると、避難所への同行避難だけではなく、在宅避難や知人あるいはペットホテルに預けるといった選択肢を考えておくことも非常に大事です。自宅の耐震強度や地域の災害ハザードマップ（洪水や土砂災害のリスク）などをよく確認し、自宅が危険な場合には、高台などの安全な地域で預かってもらえるところを探しておきましょう。

にゃんとす家の猫用防災グッズ

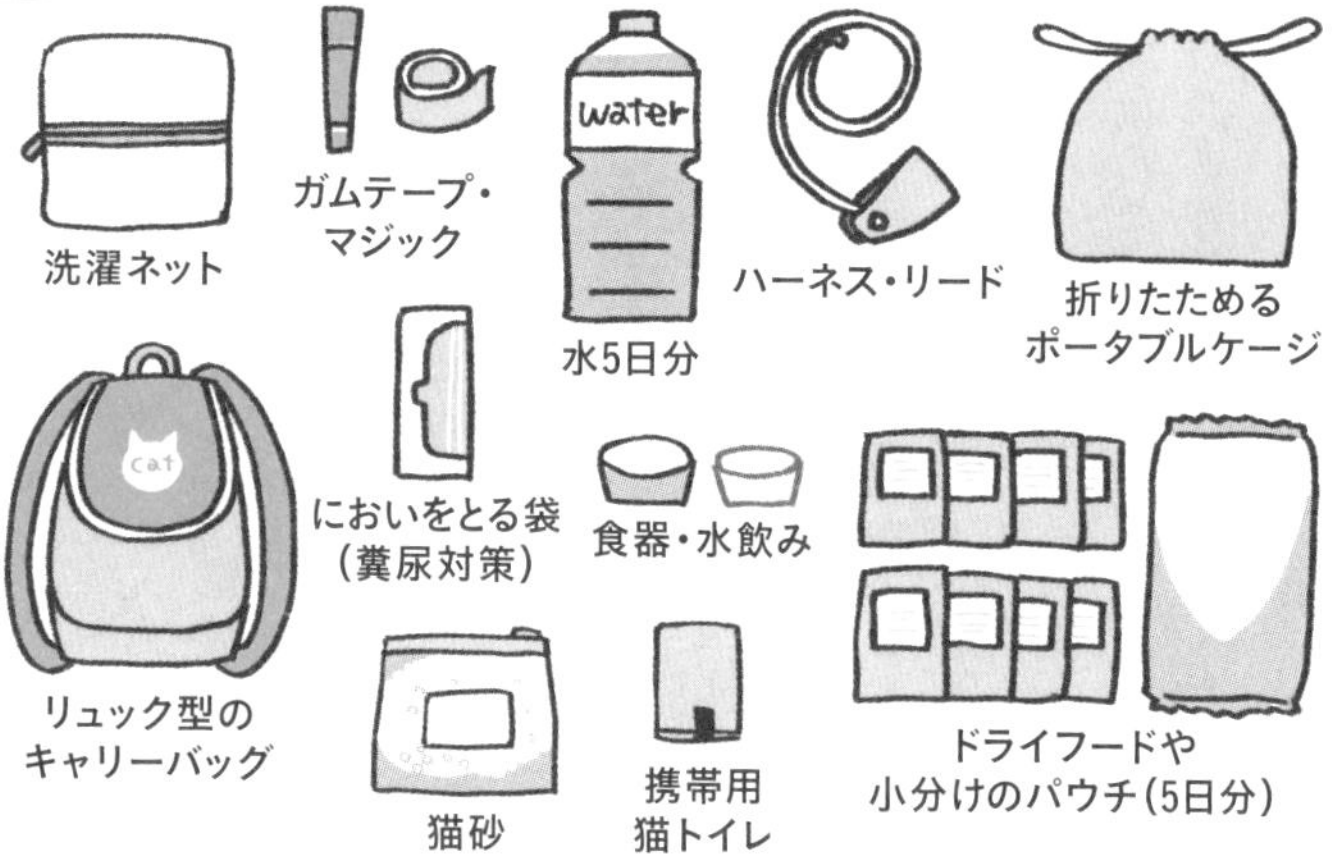

※必要な場合は療法食・薬も用意しておく。

今回の自治体へのインタビューでわかったもうひとつの大事なポイントは、ほとんどの自治体で「ケージの備蓄がない」ということです。つまり、同行避難をする場合でも、狭いキャリーバッグにずっと閉じ込めておくことになるのです。そのため猫が過ごせるケージを自分で用意しておく必要があります。

これらを踏まえて、にゃんとす家では上の図のようなものを準備しています。

東日本大震災では、ペット用の救援物資を運ぶ車両が緊急車両として認められず、ペットフードが飼い主の手に渡るまでかなりの時間がかかったといわれています。キャットフードとお水は少なくとも5日分用意しておきましょう。一方で、環境の変化によるストレスであまり水を飲んでくれない場合もあるため、ウェットフードもあると安心です。缶詰でもいいですが、かさばらないパウチタイプがよりおすすめです。薬や療法食を与えている場合は必ず準備しておくようにしましょう。救援物資の中には療法食や薬も含まれているようですが、愛猫に適したものがある保証はありません。

避難所でもなるべく快適に過ごせるように折りたためるタイプのポータブルケージと折りたたみのポータブルトイレも用意しておきましょう。猫砂の理想は鉱物系ですが、徒歩での避難などを考えると紙の猫砂など軽くて処理がかんたんなものをジップつきのビニール袋に入れて用意しておくといいです。

基本的には避難先での滞在中は、ハーネスとリードをつけておくほうがよいでしょう。首輪は暴れるとすっぽ抜けることがあるので、首輪だけでなく、できればハーネスを用意しておきましょう。

また、普段はおとなしい猫ちゃんでも、災害時のようないつもとちがう状況ではパニック状態になってしまい、予想外の動きをする可能性があるので、念のため洗濯ネットに入れておくと安心です。食器は汚れたら捨てることができるプラスチックタイプの容器や紙皿が便利です。

普段から猫ちゃんの心の準備を進めておくことも大事な防災対策です。まずはケージに慣れさせておきましょう（２０３ページ参照）。キャリーやケージを隠れ家として普段から室内に置いておくこともおすすめです。また日頃から、ワクチン接種・ノミダニ・フィラリア予防をしておくことも大切です。というのも、避難所にはほかの動物も集まりますし、非常時は衛生状態や栄養状態の悪化やストレスで免疫が落ちてしまう可能性もあるからです。避難所によっては感染症予防をしてあることがペット同行の条件の場合もあります。

災害時・避難時にはペットの脱走事故も多く発生します。突然の別れにならないように迷子札やマイクロチップの装着をしておきましょう。

外出時に愛猫と別々で被災する可能性も低くはありません。東日本大震災においては、当日中に帰宅できなかった人は首都圏だけで５１５万人といわれています。また悲しいことに外出中に被災し、そのまま亡くなってしまった方も少なくありません。そんなとき、ひとりでおうちに取り残された愛猫はどうなるのでしょうか。また、取り残された愛猫のことを心配して無理に自宅に帰ろうとすると今度は飼い主さんの命も危険に晒されます。

別々で被災しても愛猫が安全に飼い主の助けを待つことができるように、次のようなお部屋の防災対策も進めておきましょう。

・家具を倒れないように固定する
・窓ガラスにシートを貼る
・自動給餌器を導入する
・水やトイレは日頃から準備万端に

猫は自分で避難できませんし、災害に備えて準備することもできません。頼りになるのは飼い主さんだけです。これを機に自分の防災対策に何が足りないか、見直して準備を進めておきましょう。環境省のホームページにも参考になるパンフレットがたくさんあるので、ぜひ目を通してみてください。

「猫主導」の距離感を保つのも愛情

猫が幸せに生活するためには、私たち人間と猫の間に良好な関係を築くことも大切です。２０２０年からは新型コロナウイルス感染症の影響でおうちで過ごす時間が増えた飼い主さんも多いと思います。私もテレワークが増え「大好きなにゃんちゃんと一緒に仕事ができるなんて夢のような生活！」と思っていましたが、猫にとっては普段いないはずの飼い主が家にいることでストレスを感じていたのかもしれません。実際に獣医仲間の間でも緊急事態宣言発令後のおうち時間が増えた頃から、ストレスが原因だと思われる体調不良の猫ちゃんの来院が増えたと話題になっていました。こんなときだからこそ愛猫との距離感を見直す必要があるのかもしれません。

基本的に猫ちゃんは「薄明薄暮性」といって、主に薄明（明け方）と薄暮（夕暮れどき）の時間帯に活発に行動する動物です。普段おうちの人が仕事や学校に行っている昼間は、ずっとお昼寝している子が多いでしょう。そんな時間帯にかまいすぎてしまうと、一気に猫ちゃんのペースが崩れてしまうおそれがあります。

また、猫ちゃんへのかまい方にも注意が必要です。かわいい愛猫を目の前にするとどうしてもやってしまいがちですが、ほとんどの猫は抱っこされたり、おなかに顔を埋められる、いわゆる〝猫吸い〟されることを嫌います。悲しいことに飼い主からの一方的な絡みは、自分のペースを大事にする猫にとっては迷惑なことでもあるのです。

私もにゃんちゃんのことがかわいくてたまらないので、ついついかまいたくなる気持ちは痛いほどわかります。ですがぐっと堪えて、にゃんちゃんから寄ってきたときだけ触れ合うように心がけています。昼間はお互いほったらかし。少し寂しいですが仕事はとてもはかどります（笑）。にゃんちゃんは窓際の本棚の上で爆睡です。夕方頃からもそもそ起きてきて甘えてくるので、話しかけたり、なでたり遊んだりするようにしてあげています。なでるときは頬やあごなどフェロモンを分泌する場所をなでてあげると喜びますよ。必要以上にかまいすぎず、お互いが無理なく一定の距離を保つ〝猫主導〟を意識することができれば、猫とよりよい関係を築くことができると思います。

あわせてお伝えしたいのは、猫とのキスは危険なまちがった愛情表現だということ。猫が嫌がることはもちろんですが、人獣共通感染症のリスクがあります。猫の口の中にはさまざまな病原菌がたくさん存在します。2018年には国内で猫から感染したと思われるコリネバクテリウム・ウルセランスという細菌による感染症により、60代の女性が亡くなりました。またピロリ菌の仲間であるハイルマニイという細菌は、人間に感染すると「胃MALTリンパ腫」というがんを引き起こしますが、最新の研究で家猫の5割がこの菌を保有していることがわかってきました。ほかにもパスツレラ菌は猫の100%が保有する常在菌ですが、猫に噛みつかれたり、ペットとのキスや口移しなどで人間に感染することがあります。繰り返しになりますが、お互い居心地のいい生活をするうえでは、程よい距離感を守ることをぜひ心がけてください。

イラスト担当 オキエイコの

おしえて！にゃんとす先生 その3

「おかえりハイ」に悩んでいます……。

しらす ただいま～ いい子にしてた？ ……って
ガチャ
ドドドドド
わ！ すごい勢い!!
ドドド
いつも お出迎えが 熱いね……
おかえりハイは うれしいんですが 寂しい思いさせて いないか心配
分離不安に なっているかも しれませんね
オキさん、家を出るときは いつも声を かけてますか？
はい、いってきます、と 入念になでてます
それが 原因かも
毎回飼い主が いなくなる サインを知って しまうので 不安になる
それを防ぐために サラッと気づかれ ないように 家を出るのも手です
なるほど、じゃあ こっそりと…
逆に 目立ってますよ！
そろり
そろり

お留守番中に遊べるおもちゃを

オキエイコ（以下オ）　うちのしらすなんですが、人間が外出してちょっとお留守番の時間が長くなってしまうと、帰宅したときの「おかえりハイ」がすごいんです……。

にゃんとす（以下に）　しらすちゃんはどんな感じになるんですか？

オ　特に夜に人間がいないとニャゴニャゴと鳴いているようで、帰ってきてからもなかなか興奮がおさまらないんです。

に　「分離不安」の症状のひとつかもしれないですね。猫の分離不安は近年増加傾向にあるんですが、多くの飼い主さんが完全室内飼いにするようになって、両者の距離が近くなったことと関係しているのでは、ともいわれています。でもはっきりとした原因はわかっていないんです。猫ちゃんそれぞれで育ってきた環境や性格も違いますし。

オ　なるほど〜、分離不安だとは考えてもみなかったです。

に　分離不安になると過剰に鳴いたり暴れたり、ものを壊したり、ときにはおしっこを漏らしたりと、いろいろな症状になって現れるんです。

オ　症状を和らげるにはどうしたらいいでしょうか？

に　よい方法のひとつとしては、お留守番の間にひとり遊びできるおもちゃを用意してあげることですね。ドライフードやおやつがひと粒ずつ出てくる「トリートボール」はおすすめです。ひとり遊び用のおもちゃとしては、ほかにもけりぐるみや、シャカシャカ素材のトンネルなどもいいですね。猫のストレス軽減につながりますよ。

オ　ちょっと検索しただけでもいろいろ出てきますね。さっそく買ってみようかな。

に　ぜひぜひ。新しいおもちゃを使うときは、留守番中も正しく安全に遊べるものであるかどうかを必ず確認することもお忘れなく！

飼い主の服や毛布も置いてみて

に　ほかの方法としては、飼い主さんのにおいがついた服や毛布を置いておくのもいいですね。

オ　しらすが私のにおいで安らぎを感じてくれるなんて……泣けます。

に　あとは外出前に「出かけるよアピール」をあまりしないことでしょうか。

オ　出かけるよアピール？

に　出かけるときに「ちょっと出かけてくるからね」「いい子でね」としっかりお留守番前の声かけをしてしまうことです。

オ　私それ、思いきりやっていました……。しらすによかれと思ってつい。

に　さりげなく出かける方法は犬には効果的とされているんです。猫の場合は分離不安そのものが認知されはじめたのが最近なのでたしかな効果のほどは未知数ですが、試してみる価値はあります。

オ　サラッと出ていく感じのほうがいいですね。

に　「いってくるよ〜！」とかいわずに淡々と出ていくといいかもしれません（笑）。

オ　気づいたら人間がいない、みたいな。

に　そうですね。

オ　わかりました。先生、ちなみにうんちの前後に走り回る「うんちハイ」にはどんな理由があるんでしょうか？

に　実はうんちハイについては、いろいろな説があって、これもまだ明らかなことはわかっていないんです。「いまからうんちするぜ！」の気合いを飼い主に伝えたいのかもしれません（笑）。猫はまだまだ謎の多い魅惑の生きものなのです。

※うんちハイ（＝トイレハイ）のお話は次の4章・172ページでも詳しく解説しています！

第4章

最新研究と猫の雑学

難病を治すための研究は絶えず進行中

猫の病気のなかには、現在の獣医学ではまだ完治が難しいものがいくつもあります。新たな治療法や薬の登場を祈るように待っている飼い主さんもいらっしゃることでしょう。私もその分野で研究に携わるひとりとして、1匹でも多くの命が救える日が来るように力を尽くしたいと思わない日はありません。実際に、動物の病気に関する研究は日々進歩しています。その一端を知っていただき、猫ちゃんを救うための今後の獣医療に期待してもらえればと思います。

この章では、猫に多い病気の最新研究、後半ではまだまだ謎だらけの猫の行動や生態についてお話ししていくことにしましょう。

新薬「AIM」が腎臓病に効果？

高齢猫の死因で、がんと並んで多い病気が慢性腎臓病です。猫は人間や犬と比較して、腎臓病になりやすいことが知られていますが、それがなぜなのか、詳しいメカニズムはまったく明らかになっていません。そのため、有効な治療法がなく、獣医療の大きな課題のひとつになっています。

そんななか、２０１６年に東京大学医学部の宮崎徹教授のグループが、猫が腎臓病になりやすいメカニズムの一端を解明したと発表しました。

このグループは以前、ＡＩＭ（Apoptosis Inhibitor of Macrophage）という免疫細胞から分泌されるタンパク質を発見しました。このＡＩＭは体内のゴミ（細胞の死骸）の除去を助けるはたらきがあり、特に腎臓に細胞の死骸がたまるのを防ぐことで、腎臓を保護していることがわかってきました。その後、友人の獣医師から「猫が腎臓病になりやすい」という話を聞いて、猫の腎臓病にもＡＩＭが関わっているのではないか、と考えたそうです。

そこで猫のＡＩＭを詳しく調べたところ、猫のＡＩＭはＩｇＭというタンパク質と強く結合してしまうために、うまく機能できていないことがわかりました。実際に急性腎障害を起こしたマウスに猫のＡＩＭを投与すると、腎臓の障害が進行してしまうことが明らかになったのです。

このような結果から、猫が腎臓病になりやすいのはＡＩＭがうまく機能しておらず、細胞の死骸が腎臓にたまり、詰まってしまうからではないかということ、そして正常なＡＩＭを投与してあげると猫の腎臓病を予防したり、進行を抑えたりすることができるかもしれないと結論づけたのです。宮崎教授はインタビューのなかで、２０２２年までの製剤化を目指しているとおっしゃっていました。

多くの猫ちゃんが腎臓病に苦しむ現状を考えると、ＡＩＭは夢の薬のように感じます。ただ、現状ではいくつか課題も残っています。今回実験で証明されたのは、「急性腎障害に対するＡＩＭの治療効果」でした。慢性腎臓病まで進行してしまった状態で、ＡＩＭがどれだけの治療効果を示すかは、検討が必要でしょう。また多くの猫に広く使用するためには価格をどれだけ抑えられるか、ということも重要です。

いずれにしても、ＡＩＭの有効な治療効果が認められ、製剤化されたら猫の腎臓病治療は大きく変わることはまちがいないでしょう。私も研究者の端くれとして、人生でひとつは多くの猫ちゃんの命を救うような研究成果を出すことができればと思っています。

猫伝染性腹膜炎が寛解する新薬

「猫伝染性腹膜炎（ＦＩＰ）」は現代の獣医療でも治すことのできない、いわば〝不治の病〟。そんなＦＩＰの新薬が２０１９年４月に発表され、ＦＩＰが治せるようになるのでは、と大きな期待が寄せられています。

ＦＩＰは発症すると数日～数週間以内に死に至る恐ろしい病気です。ＦＩＰの原因である「猫コロナウイルス」（ＣＯＶＩＤ-19とは異なるウイルスです）は

主にうんちを介して感染しますが、通常は感染しても軽い下痢を起こす程度で、ほとんどが無症状です。しかし、一部の猫の体内では、猫コロナウイルスが突然変異を起こします。この突然変異を起こした猫コロナウイルスこそが「ＦＩＰウイルス」で、これがＦＩＰを引き起こすのです。

変異前の猫コロナウイルスは腸に感染しますが、突然変異によりＦＩＰウイルスになると、主にマクロファージと呼ばれる免疫細胞に感染するようになります。マクロファージは

通常、細菌やウイルスなどの病原体をやっつけてくれる細胞です。しかし、FIPウイルスに感染されたマクロファージは、制御不能となり、病原体とは関係なく大暴れします。これによって、からだに大きなダメージを与える非常に強い炎症が起こるのです。そして、症状は急激に進行します。最終的にはほぼ確実に死に至り、平均生存日数は診断からたったの9日といわれています。

このような絶望的状況をなんとかしようと、多くの獣医師、研究者たちがさまざまな治療法を考案し、試してきました。しかし、有効な治療法は長い間見つかりませんでした。というのも、これまでのFIPの治療は、主に症状を緩和する治療（対症療法）であり、原因となるFIPウイルス自体を殺すことができなかったからです。そのため、症状が少し改善することはあっても、延命効果はほとんどなかったのです。

2019年4月、そんな状況に一筋の光が差し込みました。

カリフォルニア大学デービス校（UC davis）の研究グループが、FIPの特効薬になりうる新薬「GS-441524」を発表したのです。この新薬「GS-441524」はこれまでなかった「FIPウイルスの増殖を直接抑える薬」です。シャーレの中で培養した細胞にFIPウイルスを感染させ、「G

S-441524」をふりかけたところ、非常に強いFIPウイルスの増殖抑制効果を示したのです。そこで研究チームは実際のFIP猫に対しても効果があるか検証するために、臨床試験をおこないました。

臨床試験に参加した猫は31頭。すべてFIPを自然発症した猫です。この猫たちに「GS-441524」を1日1回、12週間毎日投与しました。その結果、なんと31頭中26頭が寛解（全治ではないが、病状が治まっていること）で、研究発表の時点で2年近く生存していることが確認されています。これまでFIPの生存日数は診断から9日だったことを考えると、いままでにないような劇的な治療効果だったのです。

残念ながら、現段階では「GS-441524」は未承認の薬なので、基本的には使用できません。中国のブラックマーケットの非正規品を個人輸入している動物病院もありますが、日本で承認薬として一般的に使えるようになるには、もう少し時間がかかるでしょう。

FIPの発症を完全に防ぐことはできません。また、FIPの原因となる猫コロナウイルスも多くの猫が既に保有しており、その感染を防ぐことは非常に難しいのが現状です。そのため、FIPにならないためには、猫コロナウイルスをF

ＩＰウイルスに変化させないこと、すなわちストレスや免疫低下を避けることが重要です。特にＦＩＰを発症しやすい以下の猫ちゃんは要注意です。

・１〜３歳の若い猫
・純血種（経験からも本当に多いと感じます）
・多頭飼育や飼育環境の変化などのストレスを感じている猫
・猫免疫不全ウイルス（ＦＩＶ）や猫白血病ウイルス（ＦｅＬＶ）などの免疫低下を伴うウイルスに感染している猫

「ＧＳ－４４１５２４」は、画期的な新規治療薬として、ＦＩＰの治療を大きく変えるでしょう。正規ルートで製剤化され、ＦＩＰに苦しむ猫ちゃんのもとに一刻も早く届いてほしいものです。

猫アレルギーを軽減するワクチンとキャットフード

「猫が大好きなのに猫アレルギーなんです」という人に朗報かもしれません。世界中で猫アレルギーを減らす新しい方法の開発が進んでいます。

猫アレルギーの人がなぜ、鼻水やくしゃみが出てしまうのかというと、ほとんどが猫の「Ｆｅｌ ｄｌ」と呼ばれる分子に反応しているためだといわれています。Ｆｅｌ ｄｌは主に猫の唾液に多く含まれており、グルーミングなどによって唾液中からからだの毛に行き渡ります。そして、Ｆｅｌ ｄｌが付着した毛やフケが空気中に舞い、それを吸い込むことによってアレルギー症状が出るのです。つまり、このＦｅｌ ｄｌを減らせば、猫アレルギーを抑えることができるのでは、という発想に至るわけです。

いくつかの研究グループが、このＦｅｌ ｄｌを減らす画期的な方法を発表しています。スイスの研究グループは、猫の体内からＦｅｌ ｄｌを消し去るワクチンを開発しました。このワクチンを猫に接種することで、Ｆｅｌ ｄｌに対する強い免疫反応が誘導され、Ｆｅｌ ｄｌを6割以上減らすことに成功したそうです。またワクチン接種による大きな副作用も認められなかったとのことです。

一方、ピュリナ社は、「Ｆｅｌ ｄｌに対する抗体を混ぜたキャットフード」を開発しました。フードに混ぜたＦｅｌ ｄｌ抗体は、猫の口の中で唾液中のＦｅｌ ｄｌと結合し、結果的に猫のからだに付着するＦｅｌ ｄｌを最大47％減らすそうです。すでに海外では販売が開始されており、日本でも2021年春に販売開始といわれています。

いずれの方法も完全にFel d 1を除去できるわけではないため、アレルギー症状をゼロにすることは難しくとも、ある程度の症状軽減が見込めるのではないでしょうか。いずれにしても猫アレルギーが人と猫の共存の障壁になっていることはまちがいありません。猫アレルギーが減れば、猫を飼える人が増える。それによって行き場のない捨て猫ちゃんたちが1匹でも多く幸せになってくれることを願っています。

「スコ座り」は関節炎の痛みを逃す苦肉の策

近年、純血種の猫ちゃんの飼育頭数が増えているようです。特にスコティッシュフォールド（以下スコティッシュ）は人気の品種で、現在日本で2番目に多い純血種の猫ちゃんです。スコティッシュの人気の理由は、折れ耳で顔がまんまるとしたルックスと、まるでおじさんのような〝スコ座り〟などの仕草によるものでしょう。

しかし、スコティッシュの「かわいい」の陰で、彼らがある病気に苦しんでいることをご存知でしょうか？

病気の名前は「骨軟骨異形成症」。かんたんにいうと突然変異で軟骨が硬くなってしまう病気です。実は人気の折れ耳も耳介軟骨が硬くなったものです。そしてこの軟骨の異常が、手足の関節軟骨でも起こることで関節炎を発症します。そのため、折れ耳のスコティッシュは必ず関節炎を発症してしまい、常にからだの節々に痛みを抱えている状態なのです。〝スコ座り〟も関節に体重がかからないように、彼らが考えた苦肉の策なのです。

スコティッシュの猫ちゃんをこの関節の痛みから解放するために、現在いくつかの研究が進められています。

たとえば日本では、がん治療に使用する放射線治療がスコティッシュの関節炎の痛みをやわらげる可能性を報告しています。3頭という少ない症例報告ではあるものの、全頭で症状の緩和が見られたそうです。現在の治療の柱である痛み止めの薬は長期使用による副作用が心配なことからも、新たな治療法を待つ人は少なくありません。症例数の蓄積や、より長期間のフォローアップで有効性が証明できれば、新しい治療の選択肢になるかもしれません。また、海外では関節炎の原因と思われるＴＲＰＶ４の遺伝子変異が同定されました。病態解明や新規治療の模索が続いています。

すでにスコティッシュと暮らす方は、とにかく関節に負担がかからないように気をつけてあげましょう。太らせない、高いところへはワンステップはさむ、柔らかく、かつすべらない床にするなど、日頃からのケアが大切です。

スコティッシュの猫ちゃんを迎え入れた飼い主さんを責めたいわけではまったくありません。治療法の確立も大切ですが、何より大切なのは、痛みに苦しむスコティッシュをこれ以上増やさないこと。「スコ座りがかわいい！」なんていっているうちは、折れ耳スコティッシュの繁殖はなくなりません。スコティッシュたちが常に痛みと闘っていることをひとりでも多くの人に知ってもらいたいと思います。

万一に備えて調べておきたい愛猫の血液型

みなさんは愛猫の血液型を知っていますか？「いわれてみれば何型だろう？」

猫の血液型の割合

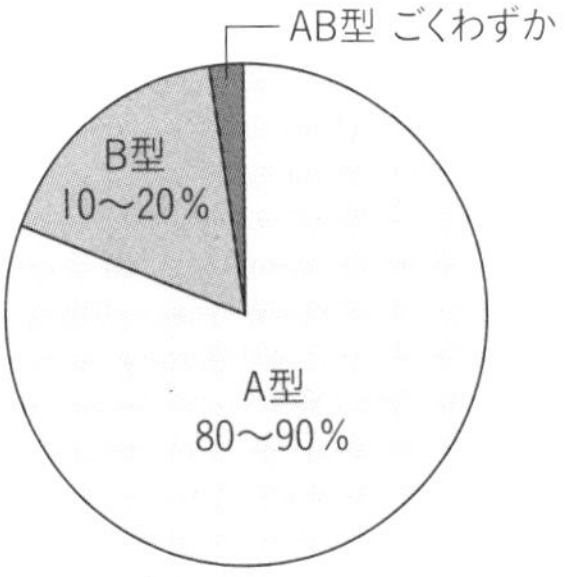

※O型は存在しない

という人も多いのではないでしょうか？　実は猫の血液型は、万が一に備えてぜひ知っておいていただきたいことのひとつなのです。

人間はA型・B型・O型・AB型の4種類存在しますが、猫にはA型・B型・AB型の3種類でO型は存在しません。しかも、猫の血液型の割合は極端で、80～90％の猫がA型、残りの10～20％はB型で、AB型の猫は非常に稀です。また品種によって若干の偏りがあり、たとえばアメリカンショートヘアやロシアンブルーはほぼ100％がA型。一方、ブリティッシュショートヘアなどはB型の割合が比較的多い品種だといわれています。

この血液型の極端な偏りが、ときに治療の難しさにつながることがあります。たとえば、病気や手術で大量の血液が必要になったときは輸血が必要になります。A型の場合、比較的かんたんにドナーとなる猫ちゃんが見つかるのですが、B型となるとそうかんたんにはいきません。なにせB型の猫ちゃんはおよそ1割しかいないため、血液を分けてくれる猫ちゃんを見つけるのが本当に大変なのです。また、犬の場合は体格の大きな大型犬がいるので、一度にたくさんの血液がもらえることもありますが、猫は大きい猫でもせいぜい5～6kgです。出血が多い場合には数日にわたって何度か輸血するといったことも少なくないので、B型の猫ちゃんが1匹では足りない可能性もあります。しかも、B型の猫にA型の血液を輸血してしまうと非常に強い拒絶反応を起こし、命を落とすこともあるので、応急処置的にB型以外の血液を輸血することは絶対に許されないのです。

輸血が必要になったときにはじめてB型とわかったのでは、ドナーとなる猫ちゃんを探している間に病気が進行してしまい、場合によっては手遅れになってしまうこともあります。血液型は動物病院で調べてもらうことができるので、健康診断の際などに一緒に調べてもらうことをおすすめします。かかりつけの先生に相談してみてください。愛猫がB型だった場合は、もしものときのために頼れる、ほかのB型の猫ちゃんを探しておきましょう。以前、知り合いの猫ちゃんがB型で、輸血用の血液がなかなか見つからずとても苦労した経験があります。たまたまB型猫ちゃんが近くで見つかってことなきを得ましたが……。ちなみに

うちのにゃんちゃんもその際に検査をして、多数派のA型でした。

また子どもを産ませたい場合も注意が必要です。B型の母猫の初乳をA型の子猫が飲むと赤血球が壊れてしまう恐れがあるため、事前に母猫の血液型を調べておく必要があります。

このように獣医療では、十分に輸血を受けることができる体制はまったく整っていません。この現状を打破するために、2018年に中央大学が猫の〝人工血液〟を開発したと発表しました。しかもこの人工血液、JAXAとの共同研究で、なんと宇宙ステーション「きぼう」での実験をもとにつくられたのです。

無重力空間ではタンパク質の高品質な結晶をつくることができることを利用し、猫のアルブミン（血中のタンパク質）の構造を解析しました。この解析データをもとに猫のアルブミンで酸素を運搬するヘモグロビンを包み込んだ人工血液「ヘモアクト-FTM」を完成させたのです。このヘモアクト-FTMには血液型がないので、どんな猫にも〝輸血〟することができます。またウイルス感染の恐れもありません。研究チームは5年以内の実用化を目指しているようで、近い将来、猫用人工血液がすべての動物病院に常備され、いつでもすぐに輸血を受けることができるようになるかもしれません。今後の進捗に期待しましょう！

猫にも利き手がある⁉

実は猫にも人間と同じように利き手があるということはご存知でしたか？　私たち人間は多くの人が右利きで、左利きの人は少数です。しかし、どうやら猫は右利き・左利きの割合が人間とはまったくちがうようなのです。

猫の利き手について調べたある研究では、44頭の猫ちゃんを対象に、ごはんをとるときや階段を降りるとき、ものをまたぐときなどにどちらの手をよく使うか、3カ月間観察しました。その結果、約60～70％の猫ちゃんに利き手があることがわかりました。さらに利き手のある猫ちゃんを詳しく調べると、オス猫は左利きが、メス猫は右利きが多いことがわかりました。どうやら猫にも利き手は存在し、性別などによる差はあるようですが、人間のように「ほとんどが右利き」といった極端な偏りはないようです。特に4分の1以上の猫が利き手のない〝両利き〟であったことも興味深いですね。

最近では猫の利き手から性格を予測しようという試みもなされています。ある研究によると、両利きの猫はシャイで神経質な傾向があることがわかりました。

一方、利き手がある猫は活発で人懐こい傾向があったようです。また猫種ごとに利き手の偏りも大きく異なるようで、たとえばベンガルでは8割以上が左利きだったそうです。左利きの猫ちゃんはその神経支配から右脳をよく使うと考えられますが、ほかの動物の研究から右脳はアグレッシブさと関連があることがわかっています。ベンガルの左利きの多さは、活動的で野生味あふれる気質を反映しているのかもしれません。このように、猫の利き手から性格がわかるようになれば、保護施設の環境整備などで役立ち、猫の福祉向上に繋がることが期待されています。

こんな話を聞くと、自分の猫の利き手が気になってしまいますよね。猫の利き手を調べるいちばん正確な方法は「パズルフィーダー」におやつを入れ、どちらの手でおやつを取ろうとしたかを記録する」という方法です。先ほど紹介した研究ではこのテストを50回繰り返して、利き手を調べていました。また階段を降りるときやトイレに入るときの最初の一歩などでも利き手がわかるといわれています。1、2回の観察では正確に判断することは難しいので、数日間観察するといいでしょう。

ちなみにうちのにゃんちゃんは左利きでした。オス猫なので、多数派です。ただ、アグレッシブだとかワイルドとかとは無縁で、寂しがりやの食いしん坊(笑)。利き手だけから性格を予測するのは少し難しいかもしれません。今後の研究に期待しましょう！

「トイレハイ」は最も大きな謎のひとつ

トイレのあとに興奮して走り回る、いわゆる「トイレハイ」は猫の行動のなかでも最も謎に包まれている行動のひとつです。そもそもリラックスした状態から突然スイッチが入ったように興奮したり走り回ったりする行動は、欧米では「Zoomie（ズーミー）」と呼ばれ、猫や犬で一般的に観察される正常な行動なのです。トイレハイもおそらくZoomieのひとつで、排尿・排便の刺激がスイッチとなっているのでしょう。

では、なぜトイレのあとにこのように突然興奮するのでしょうか？「天敵からすぐに逃げるため」「うんちのにおいから逃げるため」などさまざまな説が噂されていますが、真相はわかっていません。

トイレハイを含むZoomieは子猫や若い猫ちゃんで特に観察されやすいといわれています。基本的には正常な行動なので、「うちの子はおかしいんじゃないだろうか」と心配する必要はありません。ただし、高齢の猫ちゃんが突然興奮して夜眠らなくなったり、体重が減ったり、食欲が異常に増したりしている場合は甲状腺機能亢進症の可能性があるので、かかりつけ医に相談したほうがよいでしょう。

便秘や膀胱炎などトイレ中に不快感を感じるような病気がある場合にも、トイレハイのようにトイレ後に興奮することがあります。うんちやおしっこが出にくかったり、排泄物に血が混ざっていないかなど確認しておきましょう。気になることがあれば獣医師に相談してください。

猫も夢を見る？

突然ですが、「ねこ」の名前の由来をご存知ですか？　一説によると、「寝《ね》子《こ》」からきたのではないかと考えられています。たしかに猫ってよく寝ますよね。睡眠時間は14〜15時間以上ともいわれています。これは野生時代、狩りに備えて体

［レム睡眠］

［ノンレム睡眠］

力を温存していたなごりではないか、と考えられていますが、寝ていてもごはんが出てくる現代では、猫ちゃんは何に備えて寝ているんでしょう（笑）。さすがに寝過ぎでは……とついついいいたくなってしまいますが、寝顔を眺めるのは飼い主の楽しみのひとつ。とっても癒されるので大目に見てあげることにしましょう。

　寝ている猫を眺めていると、たまにひげやウィスカーパッドがピクピク動いたり、肉球をにぎっとしたりしているのを発見したことはないでしょうか？　一見、けいれん発作のように見えることがあるようで、「大丈夫でしょうか」と相談されることがありますが、実はこれ、おそらく夢を見ているのです。特に横向きにゴロンと丸まって寝ているときは「レム睡眠」といって脳が活発にはたらく浅い眠りの状態です。人間も主にレム睡眠のときに夢を見ているので、猫も横たわって寝ているときに夢を見ているのでしょう。いったいどんな夢を見ているのか、とても気になりますね。おもちゃで遊んだり、走り回ったりしているのかなぁと想像しますが、これぱっかりは猫にしかわかりません（笑）。

そして意外にも、フセをして寝ているときや香箱座りで寝ているときが脳を休める深い眠り「ノンレム睡眠」のようです。一見逆のように感じますが、野生の猫は常に危険と隣り合わせだったため、すぐ動ける体勢のまま、脳を休めることができるという意味では都合がよかったのかもしれません。

人間の場合は、睡眠サイクルや体内時計の乱れがさまざまな病気のリスクになるといわれています。一方、猫の睡眠や体内時計に関してはほとんど研究がなされておらず、病気との関連はよくわかっていませんが、なるべく猫のペースを乱さないほうがよいのはまちがいありません。特に猫は昼間活動する人間と異なり、薄明薄暮性です。昼間のゆっくり寝ている時間はそっとしておいてあげましょう。

外の鳥に向かって「キャキャキャ……」は鳴きマネ？

窓の外の鳥に向かって愛猫が口をすばやく動かしながら「キャキャキャ……」や「カカカ……」と鳴いているところを見たことがあるでしょうか？　この行動は日本ではクラッキング、英語圏ではチャタリング（おしゃべり）と呼ばれています。これは猫が獲物を捕まえることができない歯痒い気持ちなのではないかとよく説明されますが、最近の報告によると「猫なりに鳥の鳴き声をマネしているのでは」という説が有力視されています。

　というのも、アマゾンでマーゲイというネコ科動物を観察していた研究者が、「キャキャキャ……」と獲物である猿の赤ちゃんの鳴きマネをしておびきよせるという行動を偶然発見したのです。彼らは、ネコ科動物が獲物の鳴き声を擬態し、狩りの際に役立てていたのではと考察しています。現代のイエネコもクラッキングをするのは、野生時代のなごりなのかもしれません。また窓の外の鳥だけでなく、おもちゃで遊んでいるときにクラッキングする猫ちゃんもいるようで、やはり狩りと何らかの関係のある動作であることはまちがいなさそうです。ちなみにうちのにゃんちゃんはクラッキングをしているところを一度も見たことがありません。どうやら野性を忘れてしまったようです……。

猫にとって飼い主は〝母猫〟的存在

「猫って飼い主のことをどう思っているんだろう？」

猫と暮らす誰もが一度は考えたことがある疑問でしょう。なんだかちょっと見下されているように感じる人も多いためか、「猫は飼い主のことをどんくさい猫だと馬鹿にしている」なんていう説まで登場しています（笑）。

実際のところ、猫は飼い主のことを何だと思っているのでしょうか？　我々飼い主はやはり、猫も認める「げぼく」なのでしょうか？

たしかに猫は犬とは異なり群れをつくらない孤高のハンターなので、独りを好んだり、少しツンツンしたイメージがあるかもしれません。しかし最近の研究から、猫は飼い主に対して深い愛情を持っていることが明らかになってきました。

2017年の研究では、4つの刺激（ごはん、おもちゃ、におい、人間との交流）を同時に与えた場合、猫はどれを最も好むかが調査されました。その結果、38頭の猫のうち、ちょうど半数の19頭の猫がほとんどの時間を人間と過ごしたそうです。多くの猫がごはんやおもちゃより、飼い主のことをいちばん好いているのです。

またほかの研究では、なじみのない部屋に猫をしばらくひとりぼっちにしたあと、飼い主が部屋に戻ったときの猫の反応を調べました。その結果、実験に参加した猫ちゃんの約3分の2が飼い主のもとにすぐに近寄り、それから部屋の中を探索し、そのあと再び飼い主のところへ戻る、といった行動を見せたそうです。これはなじみのない不安な環境下でも猫ちゃんが飼い主のことを頼りにしていることを示しています。このように猫は飼い主のことが大好きなので、決して下に見ていたり、馬鹿にしてはいないのでしょう。

では猫は飼い主のことをどんな存在として捉えているのでしょうか？

動物行動学の分野で著名なブラッドショー博士は「猫は人間のことを特別な存在だと捉えておらず、同族の〝猫〟として認識しているのでは」と述べています。というのも、犬は犬どうしで遊ぶときと人間と遊ぶときでまったく異なった遊び方をします。一方で猫は、人間だけに見せる特別な行動がいまのところ観察されていないのです。

たしかにブラッドショー博士の述べているとおり、猫が人間に対して〝だけ〟見せる特別な行動はありません。しかし、猫は人間に対して明らかにほかの猫どうしのコミュニケーションのときとは異なる行動を見せることがわかっています。

というのも、猫は「ニャー」と鳴いて飼い主におねだりしたり、甘えたりしますよね。これは一見、猫本来のコミュニケーション方法のように感じますが、成猫どうしでは主にフェロモンなどのにおいを使ってコミュニケーションをとるのが普通で、ニャーと声をかけあうことはほとんどないといわれています。猫がニャーと鳴くのは、子猫が母猫におねだりしたり甘えたりするときだけなのです。これは猫の鳴き声を詳しく解析した研究によっても裏づけられています。現代の飼い猫の声はアフリカの野生の猫に比べて、「高音で、短い声」のようで、より子猫に近い声質をしているようです。つまり、飼い猫は子猫のときの「ニャー」を使って、私たち人間に話しかけているのです。こうしたことから考えると、猫は飼い主のことを母猫のような存在だと認識しているのではないでしょうか。

また、ＰＣで仕事をしたり、机の上でノートや書類を広げたりすると邪魔をしてくるのも、猫が飼い主のことを母猫だと認識していると考えれば納得できます。子猫は好奇心旺盛で、母猫の気を引きたいという欲求を持っていますが、そういった欲求に似た感情を飼い主にも抱いていて、かまってほしい、こっちを見てほしいと邪魔してくるのでしょう。

本来、猫はある程度の時期まで育つと、母猫が子猫を威嚇して親離れさせ、独り立ちさせます。しかし、

飼い主さんは愛猫を親離れさせる必要はまったくありません。大きな母猫として一生愛し続けてあげてください。

猫がくれる「親愛のサイン」をチェック！

母猫のような存在の飼い主さんに、多くの猫ちゃんは「大好きだよー」と一生懸命伝えてくれています。ここからは、愛猫からの大好きサインをいくつかご紹介します。あなたは気づいてあげられていますか？

顔をこすりつけたり頭をごっつんと押しつける（Head bunting）

猫はフェロモンを相手にこすりつけることで、家族の一員としてマーキングするといわれています。フェロモンは顔まわりから分泌されるので、顔や頭をすりすりする行動には「あなたは家族だよー」という意味があると考えられています。

グルーミングしてくれる

猫どうしがグルーミングをしあう行為のことを「アログルーミング」といいま

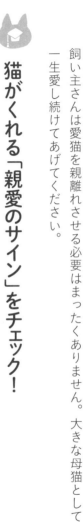

す。アログルーミングは信頼関係のあるものどうしでのみおこなう愛情表現といわれています。たまに飼い主のことをなめてくることがありますが、猫なりの愛情表現なのでしょう。

おなかを出してごろーんと寝転がる

猫がおなかを見せてくると「おなかなでて〜」なのかと勘違いしがちですが、これは誤っていることが多いです。猫にとっておなかはいわば急所です。つまり「こんな無防備な格好でリラックスするくらいあなたのことを信頼しているよ」との意味なのです。決しておなかをさわってほしいわけではありません。多くの猫ちゃんはおなかを触られるのを嫌がるので控えてあげましょう。

しっぽをピーンッとさせて近づいてくる

猫の心を読むには、しっぽの動きもよく観察してみてください。おうちに帰ったときに、お部屋の奥からしっぽをピーンっとさせてお出迎えしてくれませんか

か？　しっぽピーンは猫ちゃんの「会いたかったよー」のサインだといわれています。ほかにもゆっくりしっぽをパタッ…パタッ…と動かすときもリラックスしていたり、ご機嫌だったりする証拠です。

前足でふみふみする

猫のふみふみは子猫が母猫の乳腺を刺激してお乳を出すための行動で、大人になってもそのなごりでふみふみしてしまう猫ちゃんがいます。特にリラックスしているときに毛布やクッションでふみふみすることが多いようですが、なかには飼い主さんのお腹の上でふみふみする猫ちゃんもいます。信頼されている証拠ですので、静かに見守ってあげましょう。ちなみに英語で「Making biscuits（ビスケットづくり）」というとんでもなくかわいらしい名前がついています。一方、日本ではSNSなどで「パン職人」とか「うどん職人」とたとえられていますね。「生地をこねる」という意味に加えて「朝早くから活動を開始して飼い主を寝不足にする」という意味まで含まれていて、個人的にはこちらのほうが好きです。多くの飼

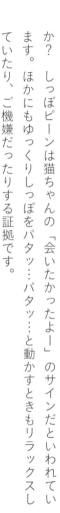

い主さんが「職人の朝の早さ」に頭をかかえていますしね……（笑）。

ノドをゴロゴロならす

ノドのゴロゴロも猫の飼い主さんへの親愛やご機嫌のサインだといわれていいます。しかし、このゴロゴロ、いつもご機嫌のサインというわけではないのです。実は「しんどい、調子悪い……」というときもゴロゴロとノドを鳴らします。飼い主へ助けを求めたり、自分自身を落ち着かせようとする意味があるようですので、いつもとちがうところはないか、注意深く見てあげましょう。

ゆっくりまばたきする

「ゆっくりとしたまばたき」も見逃せません。最新の研究で、飼い主がゆっくりまばたきをすると猫もまばたきを返してくれる（かわいすぎ……）ことがわかりました。また、初対面の人がゆっくりまばたきをしてから手を差し出すと、猫ちゃんが近づいてくれることが多くなったそうです。

しかし一方で、別の研究によるとゆっくりまばたきには「じろじろ見るなよ、こえーよ」という恐怖のサインの可能性があるかもしれないという報告がされました。この研究では保護施設の猫ちゃんを対象とした研究だったことも影響しているかもしれません。また、じっと目を合わせるのは猫の世界ではケンカの合図。猫ちゃんを緊張させてしまうかもしれないので、注意が必要です。

　猫の行動とそのときの心理はすべて一対一の関係ではなく、猫の置かれた状況やその人との関係性で意味が異なる場合もあるようです。

お風呂やトイレについてくるのはパトロール？

　お風呂やトイレに行くと猫が様子を見についてきたり、ドアの外で待っていたり、という経験はないでしょうか？　にゃんとす家でもトイレの前で「開けろー！」とニャーニャー鳴くので、仕方なく中に入れてあげることがよくあります。

　第3章でお話ししたように、猫はテリトリーや縄張りを大切にする動物で、彼らにとっておうちの中は自分のテリトリーになります。もちろん、お風呂やトイレもその一部なのですが、リビングなどに比べて自由に行き来できないことが多いですよね。猫にとってお風呂やトイレは自分のテリトリーの中にある「ちょっとよくわからない場所」という認識なのではないかと想像しています。猫には自

分のテリトリーをきちんとチェックしておきたいという欲求があるので、パトロールの一環なのかもしれません。「隠れてごはん食べたり、ほかの猫と仲良くしてないか？」とか「自分をテリトリーから締め出すなんてにゃにごとだ！」なんてことを考えていても不思議ではありません。

一方で、最近では完全室内飼いが進み、飼い主さんとの距離が近づいたことから、飼い主さんのことが大好きな猫ちゃんが増えてきました。甘えん坊な猫ちゃんの場合「お風呂やトイレの短い時間でも飼い主さんと離れたくない……」という心理がはたらいている可能性もあります。うちのにゃんちゃんのようにトイレやお風呂の前で極端に鳴いたりする場合は、その可能性が高そうです。

また、お風呂上がりに猫がすり寄ってくることもあります。「寂しかった〜」や「会いたかったよー」という感情の表れなのかもしれません。うちのにゃんちゃんはお風呂あがりの飼い主の上に乗ってくるので、「お風呂あがりのホカホカの飼い主で暖をとっているだけでは……!?」という疑惑もにゃんとす家では浮上しています（笑）。もちろん、よくいわれる「お風呂で流れてしまった自分のにおいをこすりつけるため」というのも一理あるのではないでしょうか。

さっき食べたのに何度もごはんを催促するのはなぜ？

ついさっきごはんをあげたばっかりなのに、何度も「ごはんをくれ」と催促されることに「この子の食欲は底なしなのかしら……」と頭を悩ませている飼い主さんは多いようです。

猫の習性を考えると、ごはんを何度も催促するのはおなかがすいているからだけではなく、飼い主さんからごはんをもらうことに喜びを感じているからかもしれません。猫には狩猟本能があり「獲物を捕まえる」という成功体験に喜びを感じる動物です。現代の猫ちゃんにとっては、飼い主の心を狩ってごはんをもらうことが「狩りの成功」なのでしょう。もちろん、食いしん坊な猫ちゃんの場合はただおなかがすいているだけかもしれません。

まだおなかがすいているのかと際限なくごはんを与えると肥満の

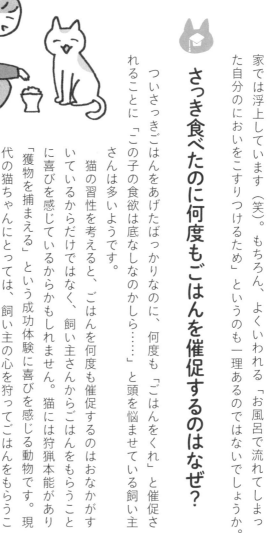

原因になるので、1日の決まった量を複数回に分けてこまめに与えてみましょう。

遊んであげる時間を増やすのも効果的です。たとえば、広めのお部屋でカリカリを少し遠くへ投げる遊びは、狩りに似ているので喜ぶ猫ちゃんは多いです。またトリートボールやパズルフィーダーなどを使用するのもおすすめですよ。

猫の行動の謎は無限大!?

ほかにも、猫と暮らしていると、「なんで……!?」と思うような不思議な行動に出くわします。その裏にどんな意図が隠れているのか、まだまだわかっていないことが多いのです。理由についてもいろいろな説があるものの、人間がしっくりくる理由を当てはめているだけのものが多く、結局のところ、真相は猫のみぞ知る……なのです。

しかしこれも猫の魅力のひとつで、謎に満ちあふれたミステリアスなところもまた多くの人を惹きつけている理由なのでしょう。まだ解明されていない猫の行動の謎についてもう少しお話ししていきましょう。

飼い主の服の上で寝る謎

これは多くの飼い主さんが経験されているかもしれません。にゃんとす家でも油断するとすぐに脱ぎたてほやほやのパジャマの上を陣取っています。

人間が想像する以上に猫はにおいから多くの情報を受け取っていると考えられています。たとえば、野生の猫は安全な場所や寝床をほかの猫に横取りされることがないように、縄張りの境界線をお互いににおいで知らせあっていました。逆に家族のにおいがすれば「ここは安全な場所だ」と安心するのでしょう。このような猫の習性を考えると、家族である飼い主さんのにおいがする服は、いちばん安全で快適だと感じているのかもしれません。ただ単に脱ぎたてほやほやはほかの場所より暖かいから、という説も捨てきれませんが……（笑）。

しっぽの付け根をさわると腰を上げる謎

しっぽの付け根や腰の部分をポンポンっと優しく叩くと腰を上げて「もっとやってくれー」というような仕草をすると思います。この理由にも諸説あり「生殖器に通ずる神経が多いから性的な刺激を感じるため」や、「しっぽの付け根はフェロモンを分泌する場所だから」などがあります。真相はわかっていませんが、個人的には後者の説が正解に近いのではと感じています。

猫は頬、おでこ、あごなどのフェロモンを分泌する部位をなでられると喜びます。猫どうしのコミュニケーションの際にはこれらの部位をこすりつけあったり、触れあったりすることでお互いの親睦を深めます。

飼い主さんになでられたときに気持ちよさそうにするのも、飼い主さんとにおいでコミュニケーションを取れるから喜ぶのではないでしょうか。フェロモンは顔まわり以外にもしっぽの付け根からも分泌されるので、腰をポンポンと叩くと腰を上げるのも似たような理由からではないかと考えられています。

なでていたらいきなり噛みついてくる謎

顔まわりや腰をなでてやるとすごく気持ちよさそうにノドをゴロゴロ鳴らします。その姿に癒されていたら、次の瞬間ガブリッ……。「さっきまで気持ちよさそうにしていたのになぜ……？」という経験は猫の飼い主さんならあるあるです

よね。

実はこの猫の行動には専門的な名前がついており、「愛撫《あいぶ》誘発性《ゆうはつせい》攻撃《こうげき》行動《こうどう》」といいます。

なぜ突然攻撃に転じるのか、そのときの猫の心理はよくわかりませんが、おそらく「なですぎだぞ」や「なでてほしいのはそこじゃないぞ」という猫なりの忠告なのでしょう。耳を外に向けた、いわゆる〝イカ耳〟やしっぽを速くパタパタしはじめたときは猫がイライラしてきたサインです。タイミングを見極めて猫マスターを目指しましょう！

何もないところを見つめる謎

「愛猫が何もない場所をじっと見つめている」ということはよくありますよね。「まさか霊的なものが見えているの……？」と考えてしまいがちですが、これはおそらく人間の耳には聞き取れない〝音〟を聞き取って、その方向を見ているだけだと考えられます。猫の聴覚は人間よりも2オクターブ高い、超音波の領域まで聞き取れる〝地獄耳〟だといわれています。まぁ、その音の主が霊的なものではないという保証はないのですが……（笑）。

保健所獣医師たちの知られざる努力

猫好きであれば、すべての猫に健康で長生きしてほしいと願うもの。最新研究や雑学のテーマからは少し逸れますが、この章の最後に、多くの命をつなぐために尽力する保健所の獣医師のお話をしたいと思います。

「保健所」や「動物愛護センター」と聞くと何を思い浮かべるでしょうか？　どうしても殺処分のイメージが強く、あまりいい印象はないかもしれません。特にそこではたらく保健所獣医師は、〝殺処分をする人〟と勘違いされてしまうことが多く、SNSなどで「人の心を持っていない」「何のために獣医師になったのか」といった批判の的になることが多いのです。

私の大学の同級生にも保健所獣医師としてはたらく友人がいます。よく話を聞かせてもらっていますが、声を大にしていいたいのは、保健所獣医師のいちばんの仕事は殺処分ではなく、「殺処分の数をゼロに近づけること」だということです。

保健所はシェルターではないため、残念ながら収容されたほとんどの動物に命の期限があります。しかし、その期限を迎えるのをただ待っているわけではありません。保健所の獣医さんや職員さんたちは毎日必死に譲渡につなげる努力をしているのです。

保健所に収容される猫ちゃんのなかには、人に怯え攻撃的になってしまう子や、そもそも人間と生活することを知らない子たちが多くいます。ときには人間が近づくと部屋の隅に隠れてしまったり、ごはんを食べることができなかったりします。こういった猫ちゃんたちは、「譲渡適性なし」と見なされ、殺処分の対象になってしまうことがあります。それをなんとか避けるために、獣医師や職員の方たちは毎日声をかけたり、おやつを与えたりと、人慣れのためにはかり知れない努力をされているのです。

保健所には、ケガをした猫ちゃんや暑さや寒さに倒れてしまった猫ちゃんが収容されることもあります。そんなときは獣医師として治療をおこなうこともあります。また譲渡会を開いたり、保護猫のことや猫の正しい飼い方を知ってもらうための啓発活動などをおこなったりする自治体もあります。

こうした保健所獣医師や職員の方々の努力もあり、全国の猫の殺処分数は、1989年には32万頭だったのが、2018年にはなんと10分の1の3万頭まで減少しました。

保護猫を迎えるには?

とはいえ、まだまだ多くの猫ちゃんが殺処分されている現状があります。

最近Twitterのフォロワーさんから「まだ猫は飼っていないけど、いつか迎え入れたときのために勉強させてもらっています」とコメントをいただくことがあります。それがとてもうれしくて、そんな未来の飼い主さんたちに、保護猫のことをもっと知ってもらいたいと思っています。これから猫を迎える人は選択肢のひとつとしてぜひ保護猫を考えてみませんか?

保護猫の大きな特徴は、ミックス(雑種)の子が圧倒的に多いことです。猫の正確なデータはありませんが、犬では純血種よりも雑種のほうが、寿命が長いことがわかっています。これは純血種が人為的な交配によって、多くの遺伝性疾患の発症リスクが高まるからだといわれています。

たとえば、日本で近年人気なアメリカンショートヘアやスコティッシュフォールドなどは肥大型心筋症や多発性囊胞腎のようなさまざまな病気のリスクが高いことが知られています。また折れ耳のスコティッシュフォールドはほぼ100%

関節炎を発症し、常に痛みと闘っているといわれています（164ページ参照）。もちろん、雑種の猫ちゃんもこれらの病気にならないわけではありませんが、純血種に比べて発症リスクが低い可能性があります。

また、保護猫には成猫が多いのも特徴です。猫を飼うときにほとんどの人がまず子猫を想像するかもしれませんが、成猫を家族として迎え入れるメリットもあります。成猫は〝好奇心爆発中〟の子猫に比べて落ち着いているので、何より手がかかりません。また性格もわかっていることが多く、自分の生活に合った子を選ぶことができます。子猫とのドタバタライフもとても楽しいものですが、そのぶん大変なこともたくさんあります（50ページに経験談）。

成猫は懐いてくれるか心配……という声も聞きますが、すべての猫ちゃんが人間嫌いなわけではなく、最初から人懐こくスリスリな猫ちゃんも意外にも多いのです。また保健所だと緊張している場合も多く、おうちに連れて帰るとベタベタの甘えん坊さんになったということもよくある話だそうです。

保健所から迎える方法

保健所や動物愛護センターから猫を家族として迎え入れるためには、まずは住んでいる自治体のホームページを確認してみましょう。よくわからない場合は「○○県 猫 譲渡」などでネットを検索してみると保健所や動物愛護センターのホームページがヒットすると思います。里親募集中の猫ちゃんの写真やプロフィールが掲載されているので確認してみてください。ただし、ホームページの掲載までにタイムラグがあることも多いようなので、最新情報は電話で確認してみてください。

担当の課に電話をすると譲渡の条件や流れ、見学の日程調整などを詳しく教えてくれます。譲渡の条件は自治体ごとに異なりますが、基本的には以下の条件を定めている自治体がほとんどです。

・避妊、去勢手術を必ず受けさせること
・完全室内飼いで飼えること
・おうちがペット可の住宅であること
・万が一飼えなくなったときに代わりに飼ってくれる人がいること
・飼育について家族全員の同意があること

保護猫を迎えるのはハードルが高いと思われがちですが、これらの条件は猫ちゃんに幸せになってもらうためには最低限必須の条件です。保健所から引き取る際は費用もほとんどかからないようです。

愛護団体から迎える方法

保護猫ちゃんを家族として迎え入れるための選択肢として、愛護団体から引き取る方法もあります。愛護団体は、保健所や動物愛護センターから引き取ったり、直接保護したりした猫ちゃんたちを愛情たっぷりでお世話しながら、次の飼い主さんを探すお手伝いをしてくれている方々です。近年殺処分を大幅に減らすことができたのは自治体だけでなく、愛護団体の尽力のおかげでもあります。

愛護団体から引き取る際のメリットとして、お試しトライアルができる団体が多いという点があります。そのため、おうちの環境や先住猫との相性などをあらかじめチェックすることができます。また、ボランティアの方たちが長い時間をかけて譲渡に向けた訓練をしてくれていることも多いので、人慣れしている猫ちゃんも多いようです。

一方、注意点としては保健所や動物愛護センターより譲渡条件が厳しく、自宅訪問や年収の規定がある団体もあるようです。少し抵抗を感じるかもしれませんが、愛情いっぱいで育ててきた子を不安なところに渡したくない、という思いは理解できますよね。また愛護団体のほとんどはボランティアで活動されているため、その間にかかった医療費などは新しい飼い主さんが負担することが多いです。

「保護猫を迎え入れる」という選択肢は、思っているよりも世間に浸透していないようです。保護猫という選択肢がもっと一般的になって、１匹でも多くの猫ちゃんが幸せな家庭で暮らしてほしいなぁと願っています。

イラスト担当 オキエイコの

おしえて！にゃんとす先生 その4

先生はなぜ研究員になったのですか？

「なすすべのない状況」を経験して…

オキエイコ（以下オ） にゃんとす先生は獣医さんでありながら、現在は研究機関で動物たちの病気を治すための研究に携わっていらっしゃるんですよね。

にゃんとす（以下に） そうなんです。もともとは動物病院で実際に治療をおこなう臨床獣医師だったんですが、いまは研究員としてはたらいています。

オ なぜ研究員の道へ？

に 僕が最初にいた大学病院は二次病院といって、普通の動物病院では治せないような病気を治療する、いわば最後の砦のような存在でした。そこには各分野のスペシャリストの先生たちが集まっているんですが、それでも治せない病気がある現状を目の当たりにしまして。それを「研究の力でどうにかしたい！」と思うようになったのが最初のきっかけです。

オ どんなに名医の先生が力を尽くしても、すべての命を救うことは難しいですよね……。

に 前日まで元気だったワンちゃんがあっという間に亡くなったりして、飼い主さんの悲しみもそれはとてつもないものでした。この本を読んでくださっている方のなかにもつらい別れを経験したり、猫ちゃんが闘病のまっただ中という方もいらっしゃると思います。そういう現場での経験をさせてもらううちに、それならば「治らないといわれている病気を根本から治せるようになるための研究に携わりたい」っていう思いが強くなりました。

オ それは飼い主さんだけでなく、獣医さんの「救いたい」という気持ちにも報いることのできる道ですね。

日本にも「医獣連携」の仕組みを

オ　実際に研究ではどんなことを？

に　がんの研究をメインに、病気で苦しむ動物たちをもっと救えるようになれればとがんばっているところです。でも日本の獣医療は人間の医療を応用しておこなわれるのが通常なので、新薬などの導入にどうしても時間がかかってしまうのがネックなんです。もちろん安全性は担保したうえでですが、人間よりは動物のほうがいろいろなことを試すハードルが低いので、新しい治療を先に動物で積極的にできたらと思うんです。

オ　たしかに、人間用の薬などが認可されるまでには何年もかかるとよく聞きます。

に　ですよね。本当は動物におこなった臨床結果をもとに人間の治療に応用していくほうが効率的ですし、「いまはこれ以上の治療法がないから」と何も試せず動物が命を落としてしまうケースも減らせるんじゃないかと。アメリカはその医獣連携がすでにおこなわれているので、日本もその仕組みにおいては早くあとに続けるといいなと思っています。

オ　それは、いち「げぼく」からもお願いしたいですね。あと、まだまだたくさんの犬や猫が殺処分されている状況もどうにかしてなくしていきたいですよね。

に　本当にそう思います。猫の病気を治すために一生懸命がんばっていても、その一方で健康な猫が殺されてしまっている。自分の無力さを感じることもあるんです。でも獣医師として研究員として、まだまだ勉強しながらたくさんの命を救えるようにがんばっていきたいと思います。

第5章

猫をもっともっと幸せにするQ&A集

SNSを通じて、たくさんの質問をいただきました。
ありがとうございます。
すべてにお答えできず、ごめんなさい！
にゃんとすからの回答が、
少しでも多くの猫ちゃんや
飼い主さんの幸せにつながればうれしいです。

病院は大きいほうがいい？
毛色が変わるのはなぜ？
首輪や鈴は必要？

Q. 01

獣医さんから自宅で飲ませるようにと薬を処方されたのですが、なかなかうまくいきません。薬の上手な飲ませ方が知りたいです。

薬のタイプごとにコツがあります

これは本当によくいただく質問です。薬の種類も錠剤、粉末などいろいろなものがありますので、それぞれタイプ別に飲ませ方のコツを見ていきましょう。

まず、錠剤の場合です。右利きの人でしたら、左手で猫の上顎を持って鼻先を上に向けます。右手の指で口を開け、ノドの奥に錠剤を落とすようなイメージです。錠剤を口に入れたら鼻先を上を向けたまま口を閉じ、ノドをやさしくなでてあげましょう。薬が胃まで流れずに食道に残ると、食道炎の原因になってしまうので、５ccくらいの水をシリンジで飲ませるとなおよいです。上顎の犬歯のうしろのすきまにシリンジを差し込むと口を開けてくれるので、少しずつ飲ませてください。

次に粉末の場合です。水１ccくらいに溶かしてシリンジで与えます。袋のなかで水に溶かすようにすると、薬のロスが少なくてすみます。泡になって口から漏れ出るなど嫌がるときは、カプセルに入れたり、飲みやすいタイプのほかの薬に変えてもらったりす

錠剤の場合

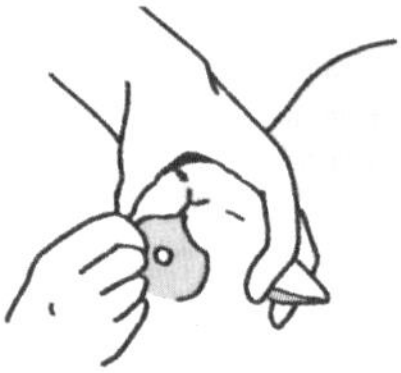

粉末の場合

るようにかかりつけ医に相談してみてください。

ちゅ～るやウェットフードに混ぜて与えるのもおすすめの方法です。ただ、ちゅ～るなどを「おいしくないもの」と猫が認識してしまうと投薬が難しくなるので、薬を混ぜない状態のものも与えておくことが大切です。錠剤を砕く場合は獣医師に必ず確認しましょう。

とはいえ、薬をそのまま食べてくれるなら、これ以上猫にとってストレスの少ない方法はありません。仮に自分から食べてくれなくても、口を開けて上顎にぬるようにすると、与えやすい場合もあります。動物病院では、粘度が高い投薬用のちゅ～るやおやつも販売されているので、相談してみてください。

Q.02

我が家の猫は動物病院へ連れていくとあまりにも興奮するため、ワクチン接種もとてもたいへんでした。通院のストレスをやわらげる方法があれば教えてほしいです。

診察に最適なケージやネットの活用を！

通院のストレスを減らすために大切なことは、いかにスムーズに猫に優しい診察をするかにつきます。もちろん、獣医師の力量による部分は大きいですが、飼い主さんにもできることがあります。そのひとつがキャリーケージの選び方です。獣医師が「助かるなあ」と思うキャリーケージは、横だけでなく、上も開くタイプのものです。横しか開かないケージは奥のほうで嫌がる猫を無理やり引っ張り出さざるをえなくなり、それだけでも猫にとっては大きなストレスになります。猫ちゃんが興奮して暴れてしまえば処置の時間が長引き、さらにストレスになるという悪循環にもなりかねません。上が開くケージは警戒している猫ちゃんでも、上からタオルや毛布をかけてゆっくり出してあげることができます。猫も興奮しにくいのです。

それでも病院が嫌いで興奮してしまう猫ちゃんは、おうちで洗濯ネットで包んでからケージに入れる方法もあります。診察がよりスムーズになり、ストレスも最小限にできるでしょう。

ケージの中には使い慣れているタオルやブランケットを入れておくのもよい方法です。猫はにおいに敏感なので、自分のにおいのついたものを入れておくと普段のお家の環境に近づき、少し安心できるかもしれません。また移動のときはケージの上から毛布やタオルをかけて目隠ししましょう。

通院用のキャリーケースに慣れさせることも大切です。ある研究によると、日頃からキャリートレーニングをしておくことで、通院時の車移動によるストレスが軽減され、動物病院での診察もスムーズになったというデータもあります。キャリーケージの扉を開けた状態で日頃からお部屋のすみに置き、猫ちゃんが中に入っているのを見かけたときはおやつなどのごほうびをあげてください。中に入ってくれない場合はごはんなどで誘導し、徐々に〝怖い場所ではない〟ということを覚えさせてあげましょう。

ほかのワンちゃんや猫ちゃんのにおいや鳴き声のする病院の待合室は、猫にとっては非常にストレスです。予約をする、車の中で待つようにするなど工夫をして、なるべく待ち時間を減らすことも心がけましょう。

Q. 03

うちは2匹の猫を飼っていますが、オス猫（去勢済み）がメス猫（避妊済み）に飛びかかってマウンティングしようとします。性欲と関係あるのでしょうか？　やめさせたいのですが、いい解決方法があれば教えてください。

叱らず気を紛らわせてあげて

猫のマウンティングは犬に比べるとあまり一般的ではなく、その行動の意図は正確にはよくわかっていません。本来、猫のマウンティングは性行動の一環としてオス猫がメス猫にする行為です。しかし、今回いただいたご質問のように、去勢済みのオス猫やメス猫でもマウンティングが見られることがあります。こういった場合は、性欲とは無関係な行動の可能性があります。

たとえば、高齢の猫が若い猫に対して首に噛みついてマウンティングをする場合、母猫のしつけの行動に近い意味合いがあるのかもしれません。また、環境の変化やストレスを感じたときにマウンティングをするともいわれています。去勢のタイミングが遅かった場合は、去勢前のマウンティングが習慣化してしまっている可能性もあります。

正確な原因がわかりづらいので、マウンティングを効果的にやめさせることは難しいのですが、猫を叱るのはNGです。マウンティングをはじめた場合は、猫をやさしく引き離し、おもちゃなどで気をそらすとよいかもしれません。

加えて、室内環境を整えたり（第3章参照）、遊ぶ時間を増やしたりすることで、少しでもストレスの少ない生活を目指すことをおすすめします。

Q. 04

黒猫を飼っています。小さい頃は真っ黒だったのに、成長するにつれて白い毛がちょこちょこ生えてきました。大丈夫なのでしょうか？

その子本来の毛色になるまで少し時間がかかります

猫の毛色は基本的には遺伝子によって決まりますが、子猫の頃から大人になるにつれて毛色が変化するというのはよくあることです。たとえばシャム猫柄（ポイントカラー）の猫ちゃんは、生まれたときは真っ白で、大人になると顔まわりや耳、手足、しっぽなどが黒くなっていきます。あまりの変化にびっくりする飼い主さんも多いですが、これはシャム猫の色を決めるサイアミーズ遺伝子が温度によってそのはたらきが調節されているからです。温かい母猫の胎内では遺伝子がはたらかないため真っ白な毛色になり、生まれたあとに足先や耳先、尾など体温の低いところだけが黒っぽくなり、徐々にシャム猫本来の毛色になっていくのです。黒猫ちゃんにちらほら白い毛が生えはじめるのも、成長に伴ってその子の持つ本来の毛色が生え揃ったということなのでしょう。

また猫も年をとると人間の白髪と同じように毛の色素が薄くなっていきます。一方、ひげは逆に白色から黒色に変化します。これは〝Black Whisker（黒ヒゲ）〟といい、猫が年をとってきたサインのひとつだといわれています。

Q. 05

飼い猫がこちらを見て首をかしげることがよくあります。何を考えているのでしょうか。

飼い主さんの感情を理解したいのかも？

人間も悩んだり考えたりするときに首をかしげますよね。人間以外の動物でも「首をかしげる」という行動はよく観察されます。本来、動物の〝首かしげ行動〟には、「いろいろな角度からモノを見ることによって、より多くの情報を得よう」という意味があるといわれています。たとえば、ウマやウサギなどの草食動物は、顔の側面に目があるので、ものを立体的に見るための「両眼視野」が非常に狭く、これを補うために首をかしげ頭部を動かすそうです。また、サルもいままで見たことがない新しいものに遭遇すると、首を左右にかしげる行動が観察されるそうです。

飼い主さんが話しかけたときに首をかしげるという行動は、猫よりも犬でよく見られます。これは犬の目線になると、長い鼻で飼い主の口元が遮られてしまい表情を観察しにくいため、首をかしげることで飼い主の表情から得られる情報を少しでも多くしようとしているのではないかといわれています。実際に鼻の長い犬種では、短い犬種よりも多く首かしげ行動が観察されたそうです。猫も同様に飼い主の表情やしぐさから、少しでも多くの情報を得ようとして、首をかしげているのかもしれません。ただ、首かしげ行動が犬のほうが一般的なのは、猫の鼻が犬より短いからかもしれませんね（笑）。

Q. 06

うちの猫（1歳・オス）はビニール、ティッシュ、薄い布、タオル、洋服、ひも、ぬいぐるみなど、何でもかじってしまいます。なぜでしょうか。なるべく隠すようにしていますが心配です。大人になれば落ち着きますか？

何でもかじってしまうのはウールサッキングかも!?

ビニールや布などをかじったり、しゃぶったりする行動を「ウールサッキング」といいます。これは、人の無意味なことを繰り返してしまう「強迫性障害」のような心の病のひとつだと考えられています。早期の離乳やストレス、遺伝などが原因だといわれていますが、詳しくはわかっていません。

誤ってビニールやひもなどを食べてしまうと命に関わる場合があるので、できれば行動科診療（問題行動などを診る、動物の精神科に近い診療）をおこなう獣医師に相談してみてください。かじってしまうものを猫が生活する部屋から除去することが何より大切です。何でもかじってしまう場合、電源コードでの感電の恐れもあるので、なるべく露出させないような工夫が必要です。誤食の危険性のあるものは放置しないよう注意したうえで、ストレスをためない環境（第3章参照）を整えたり、おもちゃで遊んであげるようにするといいでしょう。特にウールサッキングの症状を持つ猫の多くは、異常な食欲があるといわれているので、パズルフィーダーやトリートボールなど、食事を取り入れた遊びを実践するのも効果的です。薬による治療という手段もありますので、あまりにもひどい場合はかかりつけ医や行動診療科の先生に相談してみましょう。

Q. 07

猫は毛色や柄模様によって性格が異なるといわれていますが、本当ですか？

猫の性格は毛色だけでは決まらない！

キジトラはワイルドで白猫は神経質……などといった人間の血液型占いならぬ〝猫の毛色占い〟を一度は耳にしたことがあるのではないでしょうか？　動物病院にやってくる猫ちゃんを見ても、たしかにキジトラは野性的で警戒心が強い猫ちゃんが多いような気もしますが、うちのにゃんちゃんからは１ミリもワイルドさを感じません（笑）。実は毛色と性格の関係についてはいくつかの研究がありますが、しっかりと証明されているわけではないのです。

毛色による性格のちがいは、単に毛色ごとの〝性別のかたより〟を見ているだけかもしれません。ある研究では、三毛猫やサビ猫は、ほかの毛色の猫に比べて攻撃的な猫が多かったと報告しています。しかし、これらの毛色はほぼすべてがメス猫です。一方、別の研究では、茶トラの猫はフレンドリーな猫が多いと認識されているようで、これはもしかすると、茶トラの7～8割がオス猫だからかもしれません。ただし、これに当てはまらない、人懐こい三毛猫や攻撃的な茶トラももちろん存在します。

猫の性格は、社会化期の人とのふれあいや父親猫の性格、去勢・避妊手術の有無や遺伝子の個体差など、いろいろな遺伝的・環境因子によって決まることがわかってきており、毛色だけで判断するのは困難です。毛色占いは「いわれてみればそうかも～」と楽しむ程度ならよいですが、毛色だけでその猫のパーソナリティを判断するのはよくありません。どんな性格でも、猫は猫というだけでかわいいのです！

Q.08

室内飼いですが、首輪や鈴はつけたほうがいいですか？ もしつけた場合、猫にとってストレスにはならないのでしょうか？

にゃんとす案は「鈴はなし、首輪はつける」

鈴がなくても問題ありません。猫の姿が見えなかったとしても、窓やドアがしまっているなら必ず家のどこかにいます。猫は自分で快適な場所を探す動物なので、きっとお気に入りの場所でくつろいでいるのでしょう。無理に探さず、そっとしておいてあげてください。

鈴の音に猫がストレスを感じている場合もあります。いまのところ、鈴をつけることと明らかに関係のある病気は報告されていませんが、そもそもほとんどの研究では「鈴をつけているかどうか」を記録していませんが、可能性はかなり低いかもしれませんが、慢性的なストレスによって何らかの病気の引き金になってしまっている可能性は完全には否定できないのです。鈴をつけた猫のほとんどはその音に慣れているように見えるので問題ないようにも思えますが、そもそも鈴をつけるメリットがよくわからないので、にゃんとす家ではつけていません。もしどうしても鈴をつけたい場合は、音の小さなものを選んであげるといいかもしれません。

しかし一方で、外飼いの猫ちゃんがつける鈴には意外な効果があることがわかっています。それは野生動物を猫から守ることができるというものです。

近年、イエネコの外飼いによる生態系の破壊が指摘されていますが、ある研究によると猫に鈴をつけることで鳥類の捕食が50%、げっ歯類の捕食は61%減少したそうです。西洋の寓話に天敵の猫から身を守るためにネズミたちが猫の首に鈴をつけようと相談したものの、結局誰もそれを実行することはできなかったという話があります。これが元になったことわざが「猫の首に鈴をつける」で、〝とてもいいアイデアのように思えても、実行するのが難しいこと〟を意味します。この研究を考えると、ネズミたちの発案は本当にいいアイデアだったといえますね。とはいえ、鈴をつけるよりは猫を守る意味でも完全室内飼いをするべきでしょう。

鈴は特別必要ではありませんが、首輪はできればつけたほうがいいです。なかにはマイクロチップを入れておけば首輪は必要ないという獣医師もいますが、首輪をしておけば、万が一脱走してしまったときにひと目で飼い猫だということがわかるからです。連絡先などを書いた迷子札をつけておくとなお安心です。首輪が苦手な猫ちゃんの場合、できるだけ軽い素材のものを選んであげましょう。革製の首輪は見た目のかわいさでついつい選びがちですが、重いので、猫が違和感を覚えたり、首のハゲの原因になったりしてしまいます。また事故防止のため、引っかかっても外れる〝セーフティバックル〟のものを選びましょう。指が2本入るくらいに調節してあげて、少しずつ慣れさせてあげてください。

Q.09

猫が脱走したとき、効果的に探す方法を教えてください。名前を呼べば気づいてくれますか？　好きなごはんやトイレ砂のにおいでしょうか？

まずは家の周りを徹底的に探しましょう！

ある研究によると、脱走してしまった完全室内飼いの猫ちゃんの発見場所の中央値は39mだったそうです。つまり、外の環境に慣れていない猫ちゃんは家の近くに隠れている可能性が比較的高いことになります。まずは家のまわりの猫が隠れそうな茂み、車や物置の下、室外機周辺を注意深く探しましょう。驚いた猫は上に登る習性があるので、屋根や木の上などにも目を向けてください。大好きなおやつをふりながら探すのも効果的です。日中探すのもいいですが、猫の習性を考えると探す時間帯は早朝もしくは夕方から夜にかけてがいいかもしれません。猫の目は暗闇で光るので、意外にも夜でも見つかることがあります。

緊張状態の猫は呼んでもなかなか出てこないので、飼い主さんが大声で探すのは逆効果になりそうです。いつものトーンで名前を呼びながら探しましょう。

同時に警察・保健所にも連絡を入れましょう。その一方で、多くの人は保健所＝殺処分のイメージがあり、保護してくれた人が保健所などに連絡しないケースもあるので、ポスターやチラシで呼びかけることも大切です。

普段使っているトイレや中にお気に入りの毛布やクッションの入ったダンボールの隠れ家を庭や玄関に置いておくのもおすすめです。

Q. 10

猫のしっぽはボブテイルだったり、長かったり短かったりといろいろですが、「かぎしっぽ」が気になります。なぜあのような形になるのでしょうか？

いろんなしっぽはイエネコ特有！

実はさまざまなしっぽの形があるのはイエネコの特徴のひとつです。ライオンやトラ、ヒョウ、チーターなどの大型ネコ科はまっすぐなしっぽで、かぎしっぽのような折れ曲がったしっぽは基本的には存在しません。多様なしっぽの形にはそれぞれ名前がついており、通常の長いしっぽの「フルテイル」、かぎしっぽの「キンクドテイル」、短いしっぽの「ボブテイル」、豚のしっぽのように一回転して巻いている「コークスクリューテイル」やしっぽがまったくない「ランピーマンクス」などがあります。

このようなイエネコの多種多様なしっぽは〝遺伝子の異常〟によって生まれると考えられています。たとえばしっぽの短い猫ではＨＥＳ７という遺伝子に変異が入っていることが最新の研究でわかってきました。ＨＥＳ７遺伝子は骨格をつくる際に重要なはたらきを担っているため、ＨＥＳ７に変異が入ることによってしっぽの骨の成長に異常が出るようなのです。

またしっぽがほぼないマンクスではＨＥＳ７ではなく、Ｔ－Ｂｏｘ遺伝子の異常が関与しているといわれています。さらにＨＥＳ７やＴ－Ｂｏｘ遺伝子に変異がない猫ちゃんにもしっぽの短い猫が存在するようで、これ以外の遺伝子の関与も疑われています。

ちなみにＨＥＳ７は人間の〝脊椎肋骨異形成症〟という病気の原因遺伝子のひとつです。この病気の患者さんは背骨や肋骨が正常に発育せず、最悪の場合は命にかかわる場合があるようです。しかし興味深いことに、猫ではなぜかしっぽに限定して骨の異常が起こり、そのほかはまったく問題なく正常に発育するので心配いりません。これは人間と猫でＨＥＳ７遺伝子の変異の入り方にちがいがあるからだと考えられています。

Q.11

うちの猫はドライフードを食べられるようになってからはずっと同じものを与えています。たまに砂をかける仕草をしてから食べるときがあるのですが、これは飽きてしまっているのでしょうか？

ごはんに砂をかけるのは野生のなごり！

ごはんに砂をかける動作は〝貯食行動（caching）〟といって、野生の猫やライオンなどの大型猫科動物で観察される行動です。食べ残したものを鳥やネズミなどに横取りされるのを防ぎ、おなかが空いたときに食べられるように保存しておくという意味合いがあると考えられています。この貯食行動は特に一度に食べ切れないほどの大きな獲物を手にしたときによく見られるようで、これが現代のイエネコにどこまで当てはまるかはわかりませんが、もしかすると一度に与えるフードの量が多いのかもしれません。食事回数を増やしてもう少しこまめにごはんを与えるようにしたり、パズルフィーダーなどを使ってみたりするのもいいかもしれません。猫は本来ちょこちょこ食いをする動物なので、放っておくといつの間にか食べているようなら特に心配する必要はありません。ただし、体調が悪く食欲がないときにもごはんを隠すような行動をする場合があるので、突然このような行動をするようになったときには注意が必要です。

Q.12

うちの猫は猫草が大好きです。食べたら草と水ゲロを吐きます。草を食べさせなければ吐かないのだから草をあげない方もいるようです。猫にとって最善の対応をとりたいと思うのですが、猫草はあげても大丈夫でしょうか？

猫草は無理に与える必要はありません

猫草は、与えることで毛玉を吐かせたり、便秘を予防したりする効果があるといわれています。しかし、毛玉予防であれば定期的にブラッシングをして、なるべく吐かないようにさせてあげるほうが猫にも優しいですし、便秘予防ならウェットフードや療法食のほうが圧倒的に効果があります。猫草の大きなメリットはないと考えていいでしょう。

一方、健康にマイナスな効果もないので、猫がその食感が大好きなのであれば与えても問題ありません。ただ何度も吐くようなら与える量を制限してあげたほうがいいです。

ちなみに猫がなぜ草を食べるのか、本当の理由はまだよくわかっていません。ある研究によると草を食べたあとに嘔吐する猫は、意外にも2～3割にとどまっていたようです。チンパンジーなどの霊長類は消化できない草を食べて腸を活発に動かすことで寄生虫から身を守っていたようなので、猫たちが猫草を食べるのも、腸の動きをよくして寄生虫を排出していた頃のなごりなのかもしれません。

Q. 13

うちの子はお皿に入れたカリカリを残します。残したカリカリを手に乗せたり床に置いたりしたら食べるので、量が多いとか嫌いというわけではなさそうです。お皿はないほうがいいのですか？

食器が気に入らないのかもしれません

猫がわざわざ床にごはんを落として食べたり、飼い主さんの手からしか食べなかったりするときは、もしかすると食器が気に入らないのかもしれません。特にボウルの側面にヒゲが当たるのを嫌がる猫ちゃんはけっこういて、これを海外ではウィスカーストレス（＝ヒゲストレス）というようです。もし小さくて深めのフードボウルを使っている場合、側面にヒゲが当たらないような広めのものや浅いお皿を使ってみてください。

また食器の素材選びも重要です。特にステンレス製の食器が苦手な猫ちゃんは多いようで、これは食器に自分の顔が映ったり、冬は冷たくなったりするからではないかと考えられています。またプラスチック製のものは細菌が繁殖しやすく、猫ニキビの原因になったり、においが残りやすいので使わないほうがいいでしょう。おすすめは陶磁器製のものです。傷がつきにくいため細菌が繁殖しにくく、猫にも好まれやすいです。食器を変えても変化がないのであれば、飼い主さんにかまってほしいのかもしれませんね。

Q.14

うちの猫はなかなか爪を切らせてくれず、試行錯誤を重ねましたがなかなかうまくいきません。病院だとおとなしくしてくれるのですが……。爪切りのコツやおすすめの爪切りがあれば教えてください。

一度でやろうとせず機嫌のいいときに少しずつ！

爪切りがうまくできないという悩みを抱える飼い主さんは、かなりいらっしゃるのではないでしょうか？　爪切りのコツは一度に全部切ってしまおうと考えないこと。爪切りに限らず、猫を扱うときの最大のチャンスは猫がリラックスしているときです。爪も

爪切りのポイント

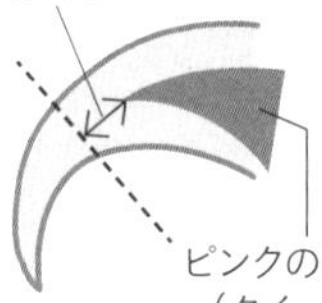

その隙にこっそりと1本ずつ切っていきましょう。1日に1〜2本でもOKです。そのほうが猫にとってもストレスになりません。

爪を切るときは、肉球を優しく押して爪を押し出しましょう。このとき、ギュッと握ったり、手先を引っ張ると猫はイライラモードに突入します。あくまでも優しくこっそりと、です。切る際はピンクの部分（クイック）を切らないように十分注意してください。クイックには血管と神経が豊富に存在するので、誤って切ってしまうと、出血するだけでなく、めちゃくちゃ痛くて爪切りがトラウマになってしまうこともあります。無理して深追いせず、先の尖った部分を切り落とすイメージで切ってあげるといいです。

もうひとり、猫ちゃんを押さえてくれる人がいるなら、2人で切るほうがラクです。前足の爪を切るときは肘を押して関節を伸ばしてあげて、うしろ足の爪を切る際は仰向けか横向きにして押さえてあげて切るとよいでしょう。おやつで気を散らすのもよい方法です。

爪切りはスパッと切れるギロチンタイプがおすすめです。ハサミタイプのものでもかまいませんが、どちらかというと子猫のやわらかい爪を切るのに適したものなので、大人の猫ちゃんには爪に力が加わり違和感を与えてしまうかもしれません。ギロチンタイプも慣れると使いやすいので、爪切りを嫌がる場合は使ってみてください。

猫ちゃんが大暴れしてしまう場合は、諦めて動物病院で切ってもらいましょう。

Q. 15

赤ちゃんの頃、猫風邪をひいているところを保護した猫を飼っているのですが、いまでも季節の変わり目にぶり返します。いい予防の仕方やサプリ、根治させるための治療薬はあるのですか？

猫風邪の猫ちゃんもワクチン接種を！

猫風邪は、鼻水やくしゃみ、咳や目やにが出るなど、人間の風邪と同じような症状のことで、ヘルペスウイルスやカリシウイルス、クラミジアなどに感染することで起こります。このなかでも特にヘルペスウイルスは厄介で、一度感染すると体内から完全に排除することはできません。ウイルスをやっつける免疫が活発なときは神経の中に隠れてしまい、ストレスや気温の変化などによって免疫が低下した隙を狙って、再びウイルスが増殖して悪さをする（潜伏感染）という特徴があるのです。

隠れたウイルスを追い出す薬やよく効くサプリメントはありませんが、すでに感染した猫ちゃんもワクチン接種によって抗体をつくっておくことで、ウイルスの増殖を抑えることができます。ワクチンの種類や接種頻度はかかりつけの先生によく相談してみてください。エアコンなどを上手に使用し、室温を一定に保ったり、ストレスをためない環境づくり（第3章参照）をすることも大切です。多頭飼育の場合は、先住の猫にもきちんとワクチンを接種させておきましょう。

Q.16

猫の病気は獣医師により所見が大きく変わることはありますか？

ズバリ、あります！

内科や外科、皮膚科や眼科などそれぞれの科に分かれている人間の病院とはちがって、ほとんどの動物病院ではひとりの獣医師がさまざまな病気、幅広い分野を診察します。犬、猫、ウサギなど、動物ごとにかかりやすい病気や治療法も大きく異なりますし、診察だけでなく、必要であれば麻酔をかけて手術をすることもあります。これだけの広い守備範囲をひとりでこなさなくてはいけないのが獣医師なのです。しかし、獣医師は万能なスーパーマンではないので、どうしても得意・不得意な分野が出てきてしまいます。

たとえば私が臨床獣医師だった頃は、腫瘍科や麻酔は得意分野でしたが、皮膚科や眼科はあまり得意ではありませんでした。また、倒れそうなほど忙しい日々のなかで、すべての分野の最新の獣医学の知識をアップデートしていくのも本当に難しいものです。

さらに獣医の世界ではデータを集めることがなかなかに難しいので、ゴールドスタンダードとなる標準治療が確立されていない病気が多く、個々の獣医師の経験に基づいて治療が選ばれることが多いのです。こうした事情から、獣医師ごとに診断や治療法が大きく異なることはよくあることなのです。

もし現在の診断や治療に心配ごとや納得できないことがあるのであれば、まずはよくかかりつけの先生と話し合ってみてください。より専門性の高い知識や技術を持った獣医師のセカンドオピニオンを希望される場合はその旨もぜひ伝えてください。「かかりつけの先生に失礼ではないだろうか……」と心配される気持ちもわかりますが、しっかりとした理念を持った先生であれば快く紹介状を書いてくれるはずです。私たち獣医師は、飼い主さんの気持ちをはっきり伝えてもらったほうが助かるのです。

注意していただきたいのは、かかりつけの先生に内緒で別の病院にかかること。これはセカンドオピニオンではなく「転院」となり、少し問題があります。というのも、いままでどんな検査や治療を受けたのか、どんな経過をたどったのかは前のかかりつけの先生にしかわかりません。使用した薬によっては病気の症状を隠してしまい、診断が難しくなることもあります。転院先の先生はこの辺りを手探りの状態で診断や治療方針を考えなくてはなりません。これではひとつ目の病院よりもいい意見が得られる確率はグッと下がってしまうでしょうし、２つ３つと病院を転々とすれば、同じような検査や治療を無駄に繰り返すことになり、猫ちゃんや飼い主さんの負担になってしまいます。

また、飼い主さん自身でより専門性の高い先生や動物病院を探すのには限界があります。以前はセカンドオピニオンとなると大学病院に紹介されることが多かったのですが、最近では特に都市部では、大学病院のように大きな二次病院や人間と同じような皮膚科や眼科、また猫専門病院など、より専門性が高い病院が増えてきており、一般の獣医師の先生たちも他院に紹介しやすい環境が整ってきている印象です。病気と闘っている猫ちゃんのために少し勇気を出してかかりつけの先生に相談してみてください。

Q.17

私は冬になると肌荒れがひどく、ハンドクリームやボディクリームを使用しています。猫と暮らしていても使って大丈夫ですか？ 抱っこしたり、顔をなめられたりするので、猫に有害だったらどうしようとヒヤヒヤしています。

ワセリンがおすすめです

私も乾燥肌なので、その気持ちはよくわかります……。ハンドクリームやボディクリームはそもそも口に入れるようなことを想定されていないので、やはり猫の口に入らないようにしておくほうが無難です。猫はグルーミングをするためからだについたものも口に入ってしまうので、ハンドクリームを塗ったあとは猫をなるべくさわらないようにしたほうがよいでしょう。

国内で販売されているハンドクリームやボディクリームは厳しい基準をクリアしているので、基本的には問題なく使えるかもしれませんが、猫はグルクロン酸抱合という解毒経路（63ページ参照）がないので、人間には問題のないものであっても猫にとっては毒性を持つ可能性が少なからずあります。特に植物オイル由来のハンドクリームは危険なこともあるでしょう。またαリポ酸（49ページ参照）が含まれるハンドクリームやボディクリームも販売されていますが、αリポ酸は猫にとって猛毒で、少量でも死に至る場合があります。

いちばん安心なものはワセリンです。安全性が非常に高く、猫ちゃんの便秘や毛玉症の飲み薬として処方されることもあります。人間の乾燥肌に対する効果も高いのでとてもおすすめですよ！

Q.18

私は近所の動物病院を利用しています。家から少し離れれば大きな病院もあるので迷ってしまいます。動物病院の種類のちがいについて知りたいです。

動物病院も細分化が進んでいます

最近は病院にもいろいろな種類があり、情報があふれているので、病院選びで迷って

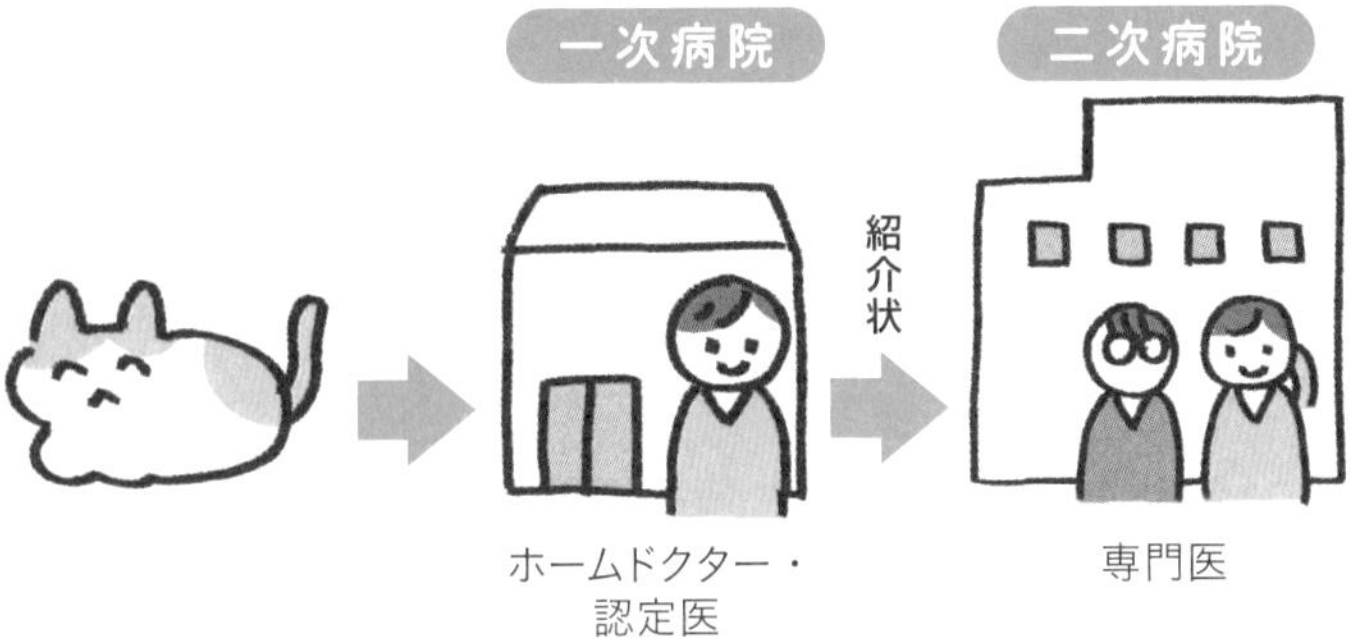

しまう方も多いようです。ここではかんたんに病院の種類や獣医さんについてお答えします。

一次病院

いわゆる街の獣医さんです。ワクチン接種や健康診断をはじめとした予防医療や、体調が悪くなったときにお世話になるかかりつけの動物病院です。

二次病院

大学病院や大きな動物医療センターなどがこれにあたります。一次病院では難しい高度な検査（CT検査やMRI検査）や手術・治療をおこなう病院で、専門性の高い獣医師が多く集まり、最後の砦のような存在。かかりつけ医の紹介状が必要な完全予約制の病院がほとんどです。

一・五次病院

一次病院と二次病院の中間のような動物病院です。予防医療から高度な検査・治療まで幅広くおこなうことができます。

救急病院

一般の動物病院が診察をしていない夜間や祝日などに、緊急の患者さんを受け入れてくれる病院です。これまでは日中診察をしている動物病院が夜間や祝日も対応するという形態が多かったのですが、最近では夜間救急専門病院や救急医療を専門とする獣医師が増えてきています。

専門科病院

米国獣医専門医やアジア獣医専門医の普及に伴い、近年増えてきた皮膚科や眼科などの専門動物病院です。人間の専門病院と同様、より専門性の高い治療を受けることができます。最近では専門医ではありませんが、猫専門病院の数も増えてきています。

専門医と認定医のちがい

専門医は専科レジデント（研修医）として数年間研鑽を積んだあと、専門医試験に合格した獣医師に与えられるものです。特に米国専門医は本当に狭き門で、とても厳しい基準を乗り越えた、いわばその分野のエキスパートといっていいでしょう。日本にはごく少数の人しかいません。最近では米国だけでなく、アジアや日本の学術学会が専門医を設立し、専門性の高い獣医診療の普及に力を入れています。

日本の動物病院に在籍する専門医

・米国専門医……内科、腫瘍科、放射線腫瘍科、神経科、循環器科、行動診療科など
・アジア専門医……内科専門医（内科、神経科、腫瘍科、循環器科）、皮膚科、眼科
・日本……小動物外科専門医、眼科

一方、認定医は国内の学術学会が定めた基準や試験をクリアしたものに与えられる制度で、基本的にはレジデント制度はありません。学術学会から「この分野について一定以上の知識を持っている」というお墨つきをもらっているようなイメージです。外科、内科、総合診療科、腫瘍科、循環器科、皮膚科、画像診断科などがあります。専門医よりも数が多く、一次動物病院に勤務されている獣医師も多いです。

Q. 19

うちの猫は糖尿病のため、自宅で毎日インスリン注射をしています。猫も飼い主も慣れていないので、嫌がって動いたり逃げたりと、なかなか上手にできず難しいです。うまく注射や点滴をするコツはありますか？

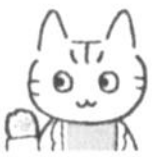

しっかり皮膚を引っ張って垂直に刺すのがコツ

飼い主さんが自分で猫ちゃんに注射をするとなると、最初は誰でも緊張しますよね。

実際に注射をされているところを見ていないのでなんともいえませんが、基本的には皮下注射は筋肉注射に比べて痛みが少ないといわれています。またインスリン注射の針はかなり細いので、猫ちゃんが痛がっているのであれば、もしかすると筋肉に針先が当たってしまっているのかもしれません。左上の図のようにしっかりと皮膚を引っ張って、皮膚に対して垂直に針を刺すようにしましょう。どうしても嫌がる場合は、誰かに手伝ってもらい2人でおこなうとうまくいきます。

同様におうちでの治療としては慢性腎臓病などにおこなう皮下点滴もあります。主な方法は2種類あって、動物病院ごとに異なります。ひとつは点滴バッグを使って重力で滴下する（もしくは加圧バッグで絞る）もの、もうひとつはシリンジで手押しで注入する方法です。前者はシリンジ代などがかからないため、低コストで済むのがメリットですが、点滴量を正確に測ることができないことや時間がかかってしまうことがデメリ

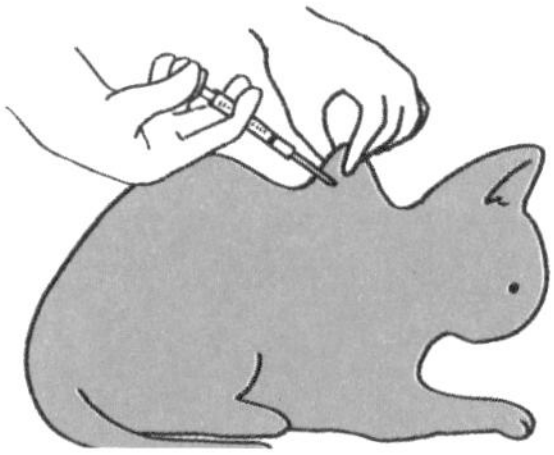

皮下注射のやり方

良い例

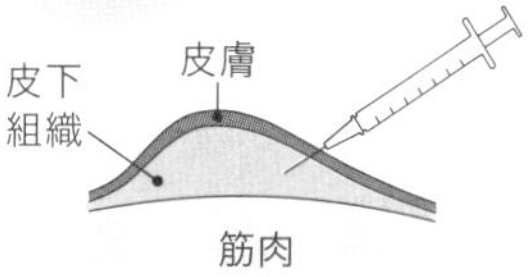

上図のように針先が皮膚内（皮下組織のなか）に入るように針を皮膚に刺します

悪い例

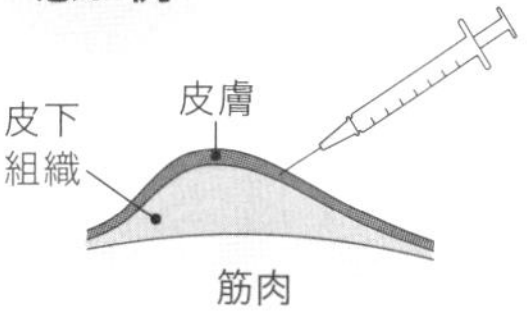

皮膚に刺さっている

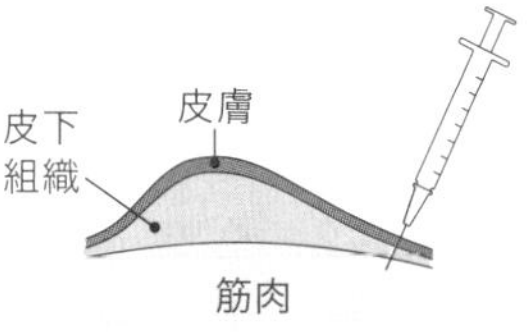

筋肉に刺さっている

※参考サイト
https://www.prozinc.jp/cat/prozinc/injection/

シリンジを使わない場合の道具

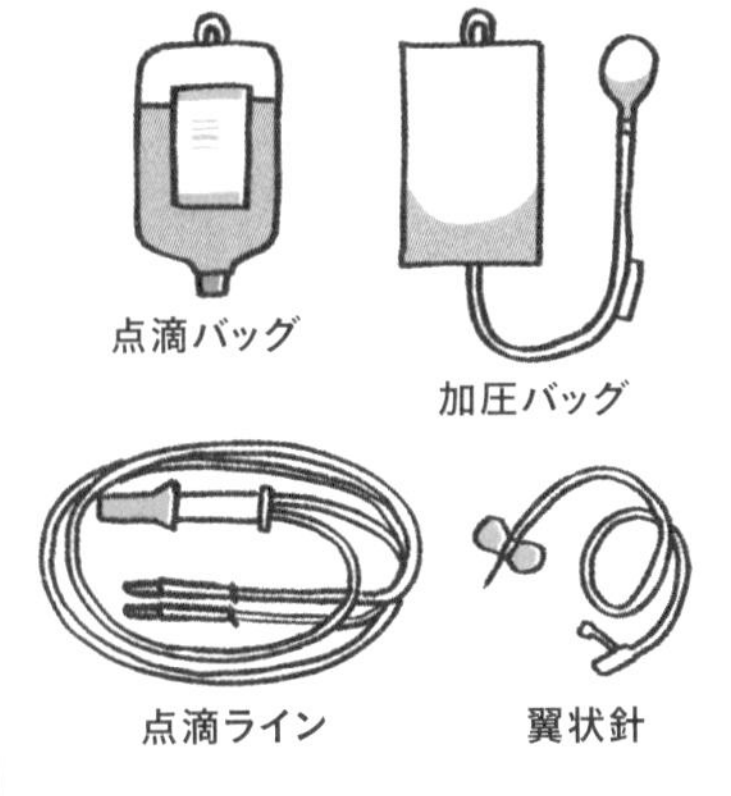

シリンジを使う場合の道具

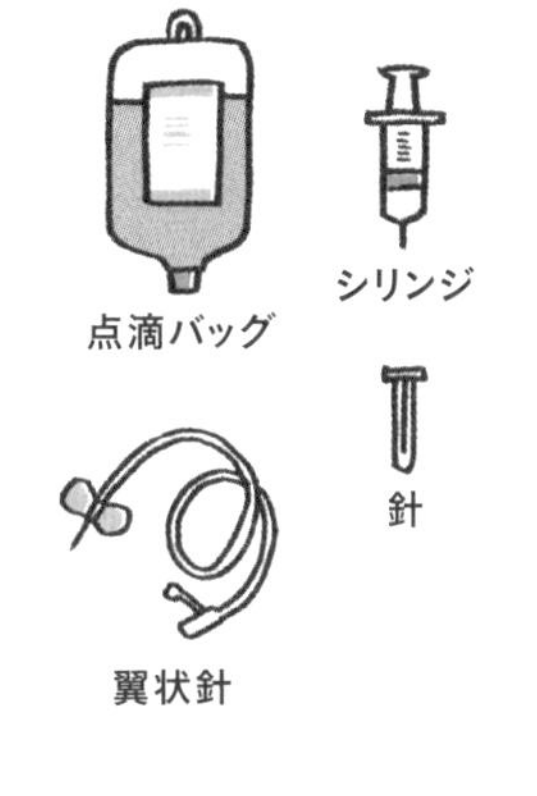

ットです。一方、シリンジを使った方法では、正確な量を点滴することができることや、手押しで入れることができるので手技がかんたんというメリットがあります。しかし、点滴量が多いと何度もシリンジを取り替える必要があり、手間がかかることがあります。詳細な方法は動物病院ごとに異なりますので、かかりつけの先生によく確認して決めるようにしましょう。

皮下点滴をうまくおこなうコツはなるべく短時間で終わらせることです。点滴バッグを使用している場合は加圧バッグを使用するのがおすすめです。皮下点滴はラクダのコブのように、たまった点滴が徐々に吸収されていくので、一気に入れても問題ありません。また輸液を温めるのもおすすめです。自宅で皮下点滴をおこなった３９９頭の猫の飼い主さんへのアンケート調査によると、点滴を温めた人の83%が有効な方法だったと回答したそうです。ただし温めすぎには要注意で、人肌くらいの温度にしておきましょう。また、がんばったごほうびを与えることも、点滴に慣れさせるのに有効でしょう。このアンケート調査では、点滴後におやつを与えていた飼い主さんの57%が、おやつによって点滴を我慢できるようになったと回答したそうです。こちらもぜひ試してみてください。

なぜこんなストレスのかかる治療をおうちでもする必要があるのか、と思う方もいるかもしれませんが、慢性腎臓病の猫ちゃんは腎臓の調節機能がうまくはたらかないので、からだの水分がどんどんおしっこで出ていってしまいます。皮下点滴はこの脱水を防ぐためにおこなうものです。根本的な治療ではありませんが、皮下点滴をおこなうだけで食欲が一気に回復し、見違えるように元気になる猫ちゃんも大勢います。もし皮下点滴がうまくできなかったり、猫ちゃんや飼い主さんの負担になってしまっていたりするようなら、抱え込まずにかかりつけの先生に相談してみてください。

Q.20

現在16歳、22歳のシニア猫と暮らしています。最近22歳の子のオシッコ問題で悩んでいます。介護のことなど詳しく教えてほしいです。

いままでのケアをよりこまめに

猫も年をとってくるとからだの節々が痛むようになり、いろいろなことができなくなっていきます。よりよい老後生活を送るためには飼い主さんのサポートが必要不可欠です。

たとえば、グルーミングの回数が減っていきます。そのため、皮膚や被毛を健康に保つためにはブラッシングによる定期的なケアが必要です。ブラッシングは毛玉ができるのを防ぐだけでなく、血行が促進され、皮脂腺の分泌が活発になります。高齢の猫は痩せてしまって骨張っていることが多いので優しいブラッシングを心がけましょう。目やお尻まわりが汚れている場合は濡れコットンで優しく拭いてあげてください。

同時に爪のチェックもおこないましょう。からだが痛むようになってくると、爪とぎの回数も減ってきます。うまく爪とぎができなくなると、外側の古い爪のさやがうまく剝がれず、分厚い巻き爪になってしまいます。酷い場合は肉球に爪が刺さってしまうこともあります。こまめに爪切りをしてあげると古いさやも一緒に取れるので、巻き爪を予防することができます。特に親指の爪にあたる「狼爪《ろうそう》」は巻き爪になりやすいので要注意です。また、トイレをバリアフリーにすることも大切です。トイレの入り口を低いものにしたり、スロープを設置したりするといいでしょう。またトイレの数を増やしたり、猫がよく休む場所の近くにトイレを移動させたりすることで、猫がトイレに行きやすいような環境を整えましょう！

第1章のシニア猫の食事の工夫（33ページ参照）についても参考にしてみてください。

Q. 21

うちの猫は重症難治てんかんで、大学病院と一般の動物病院の両方にかかっています。両院の間のやりとりはほぼなく、私が間に入って意思疎通をして難しさを感じています。獣医さんとうまく会話するコツを教えてください。

ひとりでかかえこまず気軽に獣医師に相談を！

基本的には大学病院と一般の動物病院間で、必要があれば電話やＦＡＸなどでやりとりをします。専門的な内容を飼い主さんの口から伝えるのは難しい部分も多いと思うので、大学病院もしくはかかりつけの先生のどちらか話しやすいほうに、説明するのが難しいと感じていることや先生から治療内容や経過について連絡してほしいという旨を伝えてみてください。

獣医師としてもより円滑に治療を進められるほうがいいと考えるはずですが、何せどの病院も忙しいですので、もしかしたらそこまで気が回っていないだけかもしれません。報告書を作ってくれたり、電話を一本入れてくれたり……何らかの対応はしてくれるはずですので、今回の質問のようなケースに限らず、疑問に思うことや不安なことがあれば、気軽に獣医さんに相談してみてください。

獣医さんとうまく会話するコツとしては、愛猫の何かいつもと違う症状を見つけたときは、スマホで動画や写真を撮っておくと獣医師はとても助かります。というのも、飼い主さんの説明とそれを聞いた獣医師がイメージする症状が違うことがよくあるからです。たとえば、猫の咳の症状は吐くときの仕草によく似ています。そのため「うちの猫は嘔吐している」と勘違いしてしまう飼い主さんが多く、獣医師が診察してみると実は咳の症状だったということはよくあります。こんなときにその猫ちゃんの様子を写した動画があれば、猫の状態を効率よく把握することができるでしょう。同様に下痢や吐いたもの、血尿やけいれん発作なども写真や動画があれば助かります。

Q.22

「猫エイズ」のことが気になります。多頭飼育も考えていますので、正しい知識が知りたいです。

ストレスを与えず、同居猫は隔離を

猫免疫不全ウイルス（ＦＩＶ）の感染が原因で発症する病気のことを「猫エイズ」と呼びます。もう少し詳しく説明すると、エイズは後天性免疫不全症候群（ＡＩＤＳ）のことで、からだを病原菌などから守ってくれる免疫系がはたらいてくれなくなる病態のことを指します。残念ながら、このエイズを発症してしまうと効果的な治療法はなく、

数ヶ月以内に亡くなってしまいます。また猫ちゃんのからだからＦＩＶを追い出す薬や方法は今のところ開発されていません。

ＦＩＶに感染すると最初は無症状ですが、徐々に免疫系が狂いはじめ、全身のリンパ節の腫れや発熱、口内炎、風邪のような症状が見られるようになります。エイズを発症するとからだの免疫がほとんどはたらかなくなり、免疫が正常なときにはまったく問題にならないような細菌やカビに感染し、危険な状態に陥ります（日和見感染）。

また、免疫系のはたらきが低下するとがん細胞を排除することもできなくなってしまうので、リンパ腫をはじめとしたさまざまながんになりやすくなってしまうのです。

しかし、ＦＩＶは潜伏期間（症状がない期間）が非常に長く、生涯一度もエイズを発症せずに寿命をまっとうできた猫ちゃんもたくさんいます。エイズの発症を予防するためには、ストレスフリーな清潔で快適な生活環境を整えることが大事です。トイレや食器をきれいに保ったり、高い場所や隠れ家を作ったりして、猫ちゃんがのびのびと生活できるようにしてあげてください。

ＦＩＶは体外では生き残れないため、体液を介して他の猫に感染します。猫の場合は性交渉よりもケンカでうつることが多いといわれています。唾液にもウイルスは存在しますので、グルーミングをし合うことで感染する危険も。同居猫に感染させないためにも隔離が必要です。ＦＩＶに対するワクチンもありますが、確実な予防効果はないため、かかりつけの先生と相談して打つかどうか判断しましょう。

(2018)
◎ Zhang, L., Plummer, R. & McGlone, J. Preference of kittens for scratchers. *J. Feline Med. Surg.* 21, 691–699 (2019)
◎ Zhang, L. & McGlone, J. J. Scratcher preferences of adult in-home cats and effects of olfactory supplements on cat scratching. *Appl. Anim. Behav. Sci.* 227, 104997 (2020)
◎ DePorter, T. L. & Elzerman, A. L. Common feline problem behaviors: Destructive scratching. *J. Feline Med. Surg.* 21, 235–243 (2019)
◎ Wilson, C. et al. Owner observations regarding cat scratching behavior: an internet-based survey. *J. Feline Med. Surg.* 18, 791–797 (2016)

■ P.123「トイレ環境の悪さは尿路疾患のリスクも」
◎ Carney, H. C. et al. AAFP and ISFM Guidelines for diagnosing and solving house-soiling behavior in cats. *J. Feline Med. Surg.* 16, 579–598 (2014)
◎ McGowan, R. T. S., Ellis, J. J., Bensky, M. K. & Martin, F. The ins and outs of the litter box: A detailed ethogram of cat elimination behavior in two contrasting environments. *Appl. Anim. Behav. Sci.* 194, 67–78 (2017)
◎ Cottam, N. & Dodman, N. H. Effect of an odor eliminator on feline litter box behavior. *J. Feline Med. Surg.* 9, 44–50 (2007)
◎井上ら , 猫が好むトイレ用砂（猫砂）およびトイレ容器の大きさに関する検討 , 第 16 回日本獣医内科学アカデミー学術大会 (2020)
◎ Beugnet, V. V. & Beugnet, F. Field assessment in single-housed cats of litter box type (covered/uncovered) preferences for defecation. *J. Vet. Behav.* 36, 65–69 (2020)
◎ Hornfeldt, C. S. & Westfall, M. L. Suspected bentonite toxicosis in a cat from ingestion of clay cat litter. *Vet. Hum. Toxicol.* 38, 365–366 (1996)
◎ Horwitz, D. F. Behavioral and environmental factors associated with elimination behavior problems in cats: a retrospective study. *Appl. Anim. Behav. Sci.* 52, 129–137 (1997)
◎ライオン商事「ニオイをとる砂」猫カフェ実験 (https://www.lion-pet.jp/catsuna/product/)

■ P.136「よーく考えよう、多頭飼育」→分離不安
◎ de Souza Machado, D., Oliveira, P. M. B., Machado, J. C., Ceballos, M. C. & Sant'Anna, A. C. Identification of separation-related problems in domestic cats: A questionnaire survey. *PLoS One* 15, e0230999 (2020)
◎ Desforges, E. J., Moesta, A. & Farnworth, M. J. Effect of a shelf-furnished screen on space utilisation and social behaviour of indoor group-housed cats (Felis silvestris catus). *Appl. Anim. Behav. Sci.* 178, 60–68 (2016)

■ P.143「猫との避難、いますぐできますか?」
◎環境省「熊本地震における被災動物対応記録集」
◎環境省「災害時におけるペットの救護対策ガイドライン」
◎環境省「災害、あなたとペットは大丈夫?人とペットの災害対策ガイドライン<一般飼い主編>」

【第 4 章／最新研究と猫の雑学】

■ P.156「新薬『AIM』が腎臓病に効果?」
◎医学書院【対談】ネコと腎臓病と AIM 研究 (https://www.igaku-shoin.co.jp/paper/archive/y2020/PA03357_01)
◎ Sugisawa, R. et al. Impact of feline AIM on the susceptibility of cats to renal disease. *Sci. Rep.* 6, 35251 (2016)

■ P.159「猫伝染性腹膜炎が寛解する新薬」
◎ Pedersen, N. C. et al. Efficacy and safety of the nucleoside analog GS-441524 for treatment of cats with naturally occurring feline infectious peritonitis. *J. Feline Med. Surg.* 21, 271–281 (2019)

■ P.162「猫アレルギーを軽減するワクチンとキャットフード」
◎ Thoms, F. et al. Immunization of cats to induce neutralizing antibodies against Fel d 1, the major feline allergen in human subjects. *J. Allergy Clin. Immunol.* 144, 193–203 (2019)
◎ Satyaraj, E., Gardner, C., Filipi, I., Cramer, K. & Sherrill, S. Reduction of active Fel d1 from cats using an antiFel d1 egg IgY antibody. *Immun Inflamm Dis* 7, 68–73 (2019)

■ P.164「『スコ座り』は関節炎の痛みを逃す苦肉の策」
◎ Fujiwara-Igarashi, A., Igarashi, H., Hasegawa, D. & Fujita, M. Efficacy and Complications of Palliative Irradiation in Three Scottish Fold Cats with Osteochondrodysplasia. *J. Vet. Intern. Med.* 29, 1643–1647
◎ Gandolfi, B. et al. A dominant TRPV4 variant underlies osteochondrodysplasia in Scottish fold cats. *Osteoarthritis Cartilage* 24, 1441–1450 (2016)

■ P.166「万一に備えて調べておきたい愛猫の血液型」
◎ JAXA ネコ用人工血液を開発=動物医療に貢献、市場は世界規模 = (https://www.jaxa.jp/press/2018/03/20180320_albumin_j.html)
◎ Yokomaku, K., Akiyama, M., Morita, Y., Kihira, K. & Komatsu, T. Core–shell protein clusters comprising haemoglobin and recombinant feline serum albumin as an artificial O2 carrier for cats. *J. Mater. Chem. B Mater. Biol. Med.* 6, 2417–2425 (2018)

■ P.170「猫にも利き手がある!?」
◎ McDowell, L. J., Wells, D. L. & Hepper, P. G. Lateralization of spontaneous behaviours in the domestic cat, Felis silvestris. *Anim. Behav.* 135, 37–43 (2018)
◎ McDowell, L. J., Wells, D. L., Hepper, P. G. & Dempster, M. Lateral bias and temperament in the domestic cat (Felis silvestris). *J. Comp. Psychol.* 130, 313–320 (2016)
◎ Wells, D. L. & McDowell, L. J. Laterality as a Tool for Assessing Breed Differences in Emotional Reactivity in the Domestic Cat, Felis silvestris catus. *Animals (Basel)* 9, (2019)

■ P.173「猫も夢を見る?」
◎ Jouvet, M. The states of sleep. *Sci. Am.* 216, 62–8 passim (1967)

■ P.175「外に向かって『キャキャキャ……』は鳴きマネ?　→マーゲイの部分
◎ de Oliveira Calleia, F., Rohe, F. & Gordo, M. Hunting Strategy of the Margay (Leopardus wiedii) to Attract the Wild Pied Tamarin (Saguinus bicolor). *Neotropical Primates* 16, 32–34 (2009)

■ P.176「猫にとって飼い主は "母猫" 的存在」
◎ Vitale Shreve, K. R., Mehrkam, L. R. & Udell, M. A. R. Social interaction, food, scent or toys? A formal assessment of domestic pet and shelter cat (Felis silvestris catus) preferences. *Behav. Processes* 141, 322–328 (2017)
◎ Vitale, K. R., Behnke, A. C. & Udell, M. A. R. Attachment bonds between domestic cats and humans. *Curr. Biol.* 29, R864–R865 (2019)
◎ナショナルジオグラフィック：ネコは飼い主をネコだと思っている? (https://natgeo.nikkeibp.co.jp/nng/article/20141215/428394/)
◎ Nicastro, N. Perceptual and Acoustic Evidence for Species-Level Differences in Meow Vocalizations by Domestic Cats (Felis catus and African Wild Cats (Felis silvestris lybica). *J. Comp. Psychol.* (2004)

■ P.180「猫がくれる『親愛のサイン』をチェック!」
◎ Bennett, V., Gourkow, N. & Mills, D. S. Facial correlates of emotional behaviour in the domestic cat (Felis catus). *Behav. Processes* 141, 342–350 (2017)
◎ Tasmin, H., Leanne, P. & Jemma, F. The role of cat eye narrowing movements in cat–human communication. *Sci. Rep.* (2020)

【第 5 章／猫をもっともっと幸せにする Q&A 集】

■ P.203「Q2」
◎ Pratsch, L. et al. Carrier training cats reduces stress on transport to a veterinary practice. *Appl. Anim. Behav. Sci.* 206, 64–74 (2018)

■ P.207「Q5」
◎絢奈杉本 , 小百合本元 & 玄二菅村 .「右に首を傾げると疑い深くなる―頭部の角度が対人認知, リスクテイキングおよび批判的思考に及ぼす影響―」.『実験社会心理学研究』55, 150–160 (2016)

■ P.210「Q7」
◎ Stelow, E. A., Bain, M. J. & Kass, P. H. The Relationship Between Coat Color and Aggressive Behaviors in the Domestic Cat. *J. Appl. Anim. Welf. Sci.* 19, 1–15 (2016)
◎ Delgado, M. M., Munera, J. D. & Reevy, G. M. Human Perceptions of Coat Color as an Indicator of Domestic Cat Personality. *Anthrozoös* 25, 427–440 (2012)

■ P.211「Q8」
◎ Gordon, J. K., Matthaei, C. & van Heezik, Y. Belled collars reduce catch of domestic cats in New Zealand by half. *Wildl. Res.* 37, 372–378 (2010)

■ P.213「Q9」
◎ Huang, L. et al. Search Methods Used to Locate Missing Cats and Locations Where Missing Cats Are Found. *Animals (Basel)* 8, (2018)

■ P.215「Q10」
◎ Xu, X. et al. Whole Genome Sequencing Identifies a Missense Mutation in HES7 Associated with Short Tails in Asian Domestic Cats. *Sci. Rep.* 6, 31583 (2016)
◎ Gordon, J. K., Matthaei, C. & van Heezik, Y. Belled collars reduce catch of domestic cats in New Zealand by half. *Wildl. Res.* 37, 372–378 (2010)

■ P.217「Q12」
◎ Mystery solved? Why cats eat grass. Plants & Animals. Science. (https://www.sciencemag.org/news/2019/08/mystery-solved-why-cats-eat-grass)

■ P.228「Q19」
◎ Cooley, C. M., Quimby, J. M., Caney, S. M. & Sieberg, L. G. Survey of owner subcutaneous fluid practices in cats with chronic kidney disease. *J. Feline Med. Surg.* 20, 884–890 (2018)

主な参考文献一覧

【第１章／ごはんの心得】

■ P.16「過度な"グレインフリー信仰"にご注意」
◎ Mueller, R. S., Olivry, T. & Préaud, P. Critically appraised topic on adverse food reactions of companion animals (2): common food allergen sources in dogs and cats. *BMC Vet. Res.* 12, 9 (2016)

■ P.20「『ヒルズ』や『ロイヤルカナン』をおすすめするわけ」、P.37「療法食を自己判断で与えることの危険性」
◎ Plantinga, E. A., Everts, H., Kastelein, A. M. C. & Beynen, A. C. Retrospective study of the survival of cats with acquired chronic renal insufficiency offered different commercial diets. *Vet. Rec.* 157, 185–187 (2005)

■ P.23「ドライとウェットの『ミックスフィーディング』」
◎徳本一義 .「猫における水分摂取の重要性」.『ペット栄養学会誌』16, 96–98 (2013)

■ P.27「食事を『4 回以上に分ける』といいことだらけ」、P.31「味覚よりも嗅覚で『おいしさ』を判断」
◎ Zaghini, G. & Biagi, G. Nutritional peculiarities and diet palatability in the cat. *Vet. Res. Commun.* 29 Suppl 2, 39–44 (2005)

■ P.31「味覚よりも嗅覚で『おいしさ』を判断」
◎ Royal Canine" Why is My Cat Fussy?" (https://breeders.royalcanin.com.au/cat/articles/nutrition-health/why-is-my-cat-fussy)
◎ Belloir, C. et al. Biophysical and functional characterization of the N-terminal domain of the cat T1R1 umami taste receptor expressed in Escherichia coli. *PLoS One* 12, e0187051 (2017)

■ P.33「シニア猫は体質の変化に合わせた工夫を」
◎ Harper, E. J. Changing perspectives on aging and energy requirements: aging and energy intakes in humans, dogs and cats. *J. Nutr.* 128, 2623S–2626S (1998)
◎ Bellows, J. et al. Aging in cats: Common physical and functional changes. *J. Feline Med. Surg.* 18, 533–550 (2016)

■ P.40「その手づくりごはん、ちょっと待った!」
◎ Wilson, S. A., Villaverde, C., Fascetti, A. J. & Larsen, J. A. Evaluation of the nutritional adequacy of recipes for home-prepared maintenance diets for cats. *J. Am. Vet. Med. Assoc.* 254, 1172–1179 (2019)

■ P.43「おやつは必ずしも"悪"ではない」
◎最新科学で猫の体重管理。肥満を抑えて体型を維持するサイエンス・ダイエット（ヒルズペット：https://www.hills.co.jp/science-diet/cat-neutered)
◎ Wilson, C. et al. Owner observations regarding cat scratching behavior: an internet-based survey. *J. Feline Med. Surg.* 18, 791–797 (2016)

■ P.46「サプリの過剰摂取や誤飲にご注意!」
◎ネコにはネコの乳酸菌!?〜ネコにおける加齢に伴う腸内細菌叢の変化〜 (https://www.a.u-tokyo.ac.jp/topics/2017/20170817-1.html)
◎ Masuoka, H. et al. Transition of the intestinal microbiota of cats with age. *PLoS One* 12, e0181739 (2017)

【第２章／健康長生きの心得】

■ P.54「外に出すだけで猫の寿命は３年縮む」
◎2019年（令和元年）全国犬猫飼育実態調査 結果（一般社団法人ペットフード協会）
◎ Oxley, J., Montrose, T. & Others. High-rise syndrome in cats. *Veterinary Times* 26, 10–12 (2016)

■ P.57「感染症予防ワクチンのリスクと最適な頻度は?」
◎ Finch, N. C., Syme, H. M. & Elliott, J. Risk Factors for Development of Chronic Kidney Disease in Cats. *J. Vet. Intern. Med.* 30, 602–610 (2016)
◎ WSAVA 犬と猫のワクチネーションガイドライン
◎ねこを守ろう。（ゾエティス社：https://www.nekomamo.com/parasite/filaria/)

■ P.65「タバコ、香料入り洗剤、消臭除菌スプレーで健康被害も」
◎ Bertone, E. R., Snyder, L. A. & Moore, A. S. Environmental tobacco smoke and risk of malignant lymphoma in pet cats. *Am. J. Epidemiol.* 156, 268–273 (2002)
◎ Sheu, R. et al. Human transport of thirdhand tobacco smoke: A prominent source of hazardous air pollutants into indoor nonsmoking environments. *Sci Adv* 6, eaay4109 (2020)
◎ Bertone, E. R., Snyder, L. A. & Moore, A. S. Environmental and lifestyle risk factors for oral squamous cell carcinoma in domestic cats. *J. Vet. Intern. Med.* 17, 557–562 (2003)
◎ Rand, J. S., Kinnaird, E., Baglioni, A., Blackshaw, J. & Priest, J. Acute stress hyperglycemia in cats is associated with struggling and increased concentrations of lactate and norepinephrine. *J. Vet. Intern. Med.* 16, 123–132 (2002)
◎「猫の疾患 総まとめ：後編 高残香性柔軟剤・消臭除菌スプレー・家庭用洗浄剤による伴侶動物の健康被害」.『CLINIC NOTE No.164 2019 Mar 3 月号』
◎香害について　5 症例の報告（CLINIC NOTE No.164 の著者のブログ :https://ameblo.jp/catsclinic/entry-12445386369.html)

■ P.71「『半年に１回』の健康診断は人間の『2 年に１回』ペース」、P.73「健康診断、にゃんとす家の場合」
◎堀ら .「猫 NT-proBNP の院内検査キットを用いた心疾患の検出精度の解析」.『動物の循環器』52, 11–19 (2019)
◎ Hall, J. A., Yerramilli, M., Obare, E., Yerramilli, M. & Jewell, D. E. Comparison of serum concentrations of symmetric dimethylarginine and creatinine as kidney function biomarkers in cats with chronic kidney disease. *J. Vet. Intern. Med.* 28, 1676–1683 (2014)
◎ IRIS Staging of CKD (modified 2019) (http://www.iris-kidney.com)

■ P.80「おうちでもこまめな健康チェックを」
◎ Slingerland, L. I., Hazewinkel, H. A. W., Meij, B. P., Picavet, P. & Voorhout, G. Cross-sectional study of the prevalence and clinical features of osteoarthritis in 100 cats. *Vet. J.* 187, 304–309 (2011)
◎ Evangelista, M. C. et al. Facial expressions of pain in cats: the development and validation of a Feline Grimace Scale. *Sci. Rep.* 9, 19128 (2019)
◎ MacEwen, E. G. et al. Prognostic factors for feline mammary tumors. *J. Am. Vet. Med. Assoc.* 185, 201–204 (1984)
◎ Overley, B., Shofer, F. S., Goldschmidt, M. H., Sherer, D. & Sorenmo, K. U. Association between ovarihysterectomy and feline mammary carcinoma. *J. Vet. Intern. Med.* 19, 560–563 (2005)
◎ Lewis, S. J. & Heaton, K. W. Stool form scale as a useful guide to intestinal transit time. Scand. *J. Gastroenterol.* 32, 920–924 (1997)
◎ Benjamin, S. E. & Drobatz, K. J. Retrospective evaluation of risk factors and treatment outcome predictors in cats presenting to the emergency room for constipation. *J. Feline Med. Surg.* 22, 153–160 (2020)
◎ Norsworthy, G. D. et al. Prevalence and underlying causes of histologic abnormalities in cats suspected to have chronic small bowel disease: 300 cases (2008-2013). *J. Am. Vet. Med. Assoc.* 247, 629–635 (2015)

■ P.92「しっかり実践! 飼い主ができる猫の病気予防」
◎ Teng, K. T., McGreevy, P. D., Toribio, J.-A. L. M. L. & Dhand, N. K. Positive attitudes towards feline obesity are strongly associated with ownership of obese cats. *PLoS One* 15, e0234190 (2020)
◎ Shoelson, S. E., Herrero, L. & Naaz, A. Obesity, inflammation, and insulin resistance. *Gastroenterology* 132, 2169–2180 (2007)
◎ Larsen, J. A. Risk of obesity in the neutered cat. *J. Feline Med. Surg.* 19, 779–783 (2017)
◎ Finch, N. C., Syme, H. M. & Elliott, J. Risk Factors for Development of Chronic Kidney Disease in Cats. *J. Vet. Intern. Med.* 30, 602–610 (2016)
◎徳本一義 .「猫における水分摂取の重要性」.『ペット栄養学会誌』16, 96–98 (2013)
◎ Grant, D. C. Effect of water source on intake and urine concentration in healthy cats. *J. Feline Med. Surg.* 12, 431–434 (2010)
◎ Robbins, M. T. et al. Quantified water intake in laboratory cats from still, free-falling and circulating water bowls, and its effects on selected urinary parameters. *J. Feline Med. Surg.* 21, 682–690 (2019)

■ P.100「愛猫の命に関わる SOS サインを見逃さない」
◎高柳ら .「猫の尿管結石 27 例」.『日獣会誌』65, 209–215(2012)

【第３章／環境づくりの心得】

■ P.110「家族だからこそ大切な『猫は人間ではない』の意識」→環境エンリッチメントのガイドライン
◎ Bradshaw, J. Cat Sense: The Feline Enigma Revealed. (Penguin UK, 2013).
◎ Ellis, S. L. H. et al. AAFP and ISFM feline environmental needs guidelines. *J. Feline Med. Surg.* 15, 219–230 (2013)

■ P.111「『部屋を見渡せる高い場所』は心身の健康に直結」
◎ Kim, Y., Kim, H., Pfeiffer, D. & Brodbelt, D. Epidemiological study of feline idiopathic cystitis in Seoul, South Korea. *J. Feline Med. Surg.* 20, 913–921 (2018)

■ P.114「『隠れ家』があるだけで猫の安心度がアップ」
◎ Buckley, L. A. & Arrandale, L. The use of hides to reduce acute stress in the newly hospitalised domestic cat (Felis sylvestris catus). *Veterinary Nursing Journal* 32, 129–132 (2017)
◎ van der Leij, W. J. R., Selman, L. D. A. M., Vernooij, J. C. M. & Vinke, C. M. The effect of a hiding box on stress levels and body weight in Dutch shelter cats; a randomized controlled trial. *PLoS One* 14, e0223492 (2019)

■ P.116「爪とぎの欲求は存分に満たしてあげよう」
◎ Martell-Moran, N. K., Solano, M. & Townsend, H. G. Pain and adverse behavior in declawed cats. *J. Feline Med. Surg.* 20, 280–288

おわりに

SNSでの情報発信をはじめたきっかけは、動物病院に勤務していたときにユリ中毒の猫を診たことです。結局その猫ちゃんは治療の甲斐なく亡くなってしまい、飼い主さんは自分の知識不足を責めていらっしゃいました。

たしかに猫にとってユリが猛毒であることを知っていればユリをおうちに置く飼い主さんはいないでしょう。でもそのような専門的な知識はなかなか触れる機会がないので、飼い主さんが知らなくても仕方ないのです。「正しい知識があれば救える命がたくさんある」ということを強く感じた経験でした。

その数日後、私はさっそくTwitterでアカウントをつくり、飼い主さんに知っておいてほしい情報をひたすら流しはじめました。「そういえば猫のアイコンの獣医が何かいっていたな」という記憶が頭の片隅にあるだけで、少しは変わるかもしれないと。その頃すでに研究員としての活動もはじめていたので、治せない病気に苦しむ動物を救うために研究しているはずなのに、その間にも救えるはずの命が失われているという矛盾を何とかしたい気持ちもあったのだと思います。

情報発信を続けるなかで「にゃんとす先生のツイートのおかげで病気に早く気づくことができました」というお声もいくつかいただき、本当に続けてよかったなぁと思っています。

アカウント開設から2年たったいまでは4万人を超える愛猫家のみなさんにフォローしていただき、多くの方のおかげでこの書籍を出版することができました。

これからも多くの猫ちゃんと飼い主さんが幸せで楽しい毎日を送れるような情報をたくさん発信していきます。そしてもちろん、本業のほうも手を抜かず、いつかたくさんの猫ちゃんの命を救うような研究成果をみなさんに届けられるようにがんばりたいと思います。

獣医にゃんとす

著者／**獣医にゃんとす**

某国立大学獣医学科を卒業後、臨床経験を重ねつつ、獣医学博士を取得。現在は某研究所の研究員として、難治性疾患の基礎研究に従事。2018年より、ツイッターやブログで猫の飼い主に向けた情報発信を開始。科学的根拠に基づいた有益な内容で多くの愛猫家たちから支持を得る。将来の夢は「サイエンスの力で難病に苦しむ犬猫を救うこと」。愛猫・にゃんちゃんと暮らす「げぼく」。

Twitter　@nyantostos
Instagram　@nyantostos
ブログ『げぼくの教科書』 https://nyantos.com

にゃんちゃん

イラスト／**オキエイコ**

イラストレーター。ネットや書籍を中心に活動中。猫マンガなどを発信するSNS総フォロワーは10万人超。著書に『ねこ活はじめました かわいい！ 愛しい！ だから知っておきたい保護猫のトリセツ』『ダラママ主婦の子育て記録 なんとかここまでやってきた』（ともにKADOKAWA）がある。2匹の愛猫・しらす＆おこめと暮らす「げぼく」。

Twitter　@oki_soroe

しらす

おこめ

STAFF　ブックデザイン／ヤマシタツトム
DTP・図版／NOVO
編集／細田操子・平田治久（NOVO）

獣医《じゅうい》にゃんとすの猫《ねこ》をもっと幸《しあわ》せにする
「げぼく」の教科書《きょうかしょ》

2021年 4月10日　初版発行
2021年 4月22日　再版発行

著者　獣医にゃんとす

発行所　株式会社 二見書房
東京都千代田区神田三崎町 2-18-11
電話　03(3515) 2311［営業］
　　　03(3515) 2313［編集］
振替　00170-4-2639

印刷　株式会社 堀内印刷所
製本　株式会社 村上製本所

落丁・乱丁本はお取り替えいたします。
定価は、カバーに表示してあります。

ISBN978-4-576-21047-6
https://www.futami.co.jp